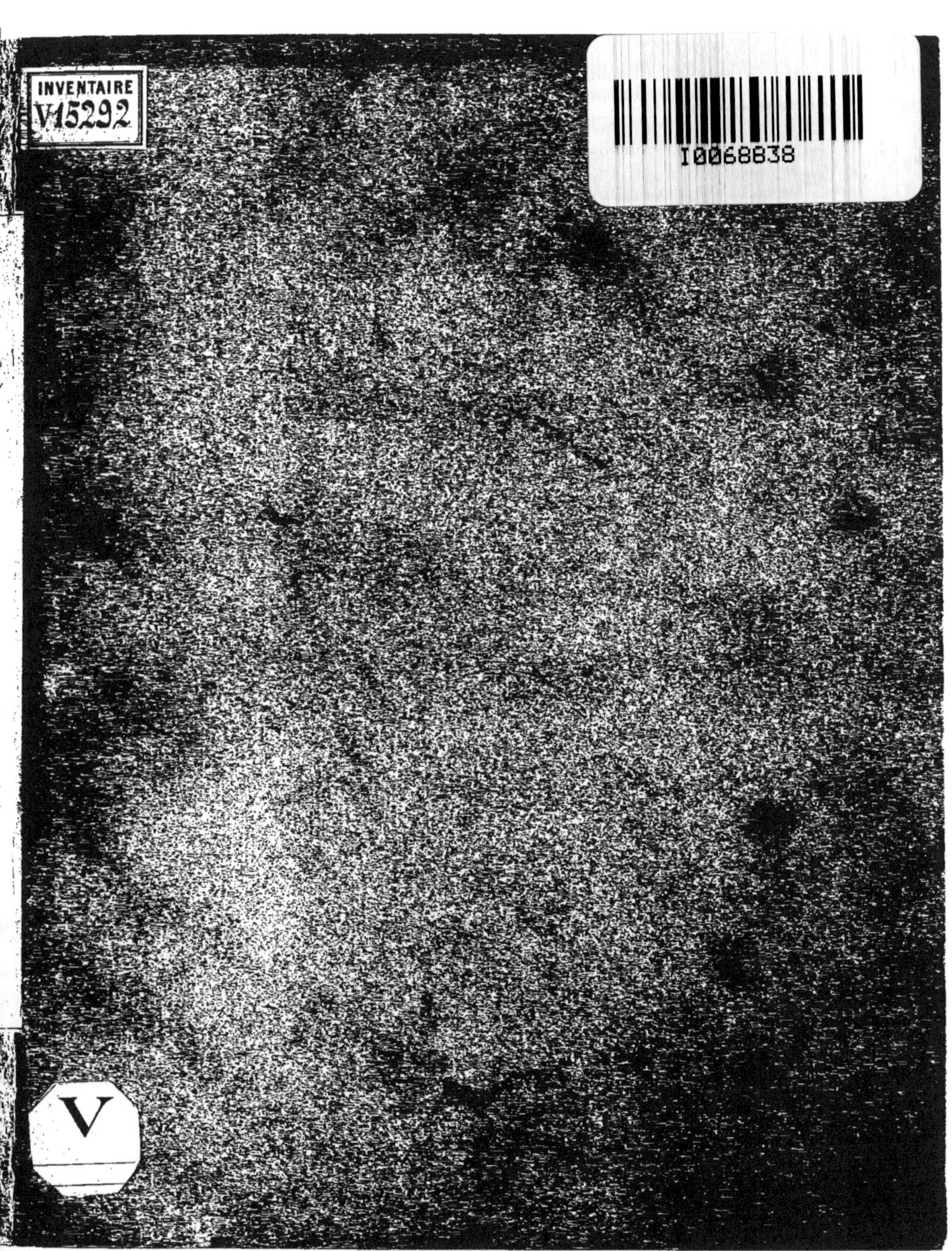
INVENTAIRE
V15292
I0068838
V

INVENTAIRE
V 15,292

MÉTHODE SIMPLIFIÉE

DE LA

TENUE DES LIVRES.

15292

Le Dépôt d'usage a été fait à la Bibliothèque Nationale ; tous les Exemplaires qui ne sont pas revêtus de la Signature manuscrite ci-dessous, sont contrefaits.

On trouve aux mêmes Adresses, des Livres rayés selon cette Méthode, sur carré fin in-folio, aux prix suivans, savoir, reliés :

JOURNAL de. . . .	200 pages.	8 fr.
	300 pages.	12
	400 pages.	18

GRAND-LIVRE de .	200 pages.	10 fr.
	300 pages.	14
	400 pages.	20

Brochés ; pour les élèves qui veulent essayer la Méthode et s'exercer, le JOURNAL de 100 *pages*, 3 *francs ; le GRAND-LIVRE* de 100 *pages*, 5 *francs.*

Les mêmes livres soit reliés soit brochés, réglés en travers, 10 francs de plus par 100 pages.

MÉTHODE SIMPLIFIÉE

DE LA

TENUE DES LIVRES,

EN PARTIE SIMPLE OU DOUBLE,

PAR LAQUELLE LE JOURNAL ET LE GRAND-LIVRE SE BALANCENT MUTUELLEMENT,

ET LES LIVRES LES PLUS VOLUMINEUX

PEUVENT ÊTRE RAPPORTÉS ET BALANCÉS TOUS LES JOURS,

SANS QU'IL SOIT POSSIBLE DE NE PAS DÉCOUVRIR L'ERREUR LA PLUS LÉGÈRE;

MÉTHODE expéditive, sûre et facile, remédiant à tous les défauts des Méthodes en usage, applicable à toute espèce de Commerce, adoptée par la Banque d'Angleterre, et pour laquelle l'Auteur a obtenu un Brevet d'Invention;

Traduite de l'Anglais de E. T. JONES, avec des Tableaux adaptés au nouveau style, pour modèles du Journal et du Grand-Livre en Partie simple et double, d'un État d'entrée et de sortie des Marchandises, et d'un Compte de Caisse.

SECONDE ÉDITION,

REVUE, CORRIGÉE AVEC SOIN ET AUGMENTÉE

PAR J. G****.

B. N°. 298. bis

BIBLIOTHÈQUE DU TRIBUNAT

A PARIS,

CHEZ { E. JOHANNEAU, Libraire, Palais du Tribunat, Ire. Galerie de bois, N°. 236; Mad^e^. V^e^. DUFFAUX, Libraire, rue du Coq-Honoré, N°. 134.

AN XII. — (M. DCCCIV).

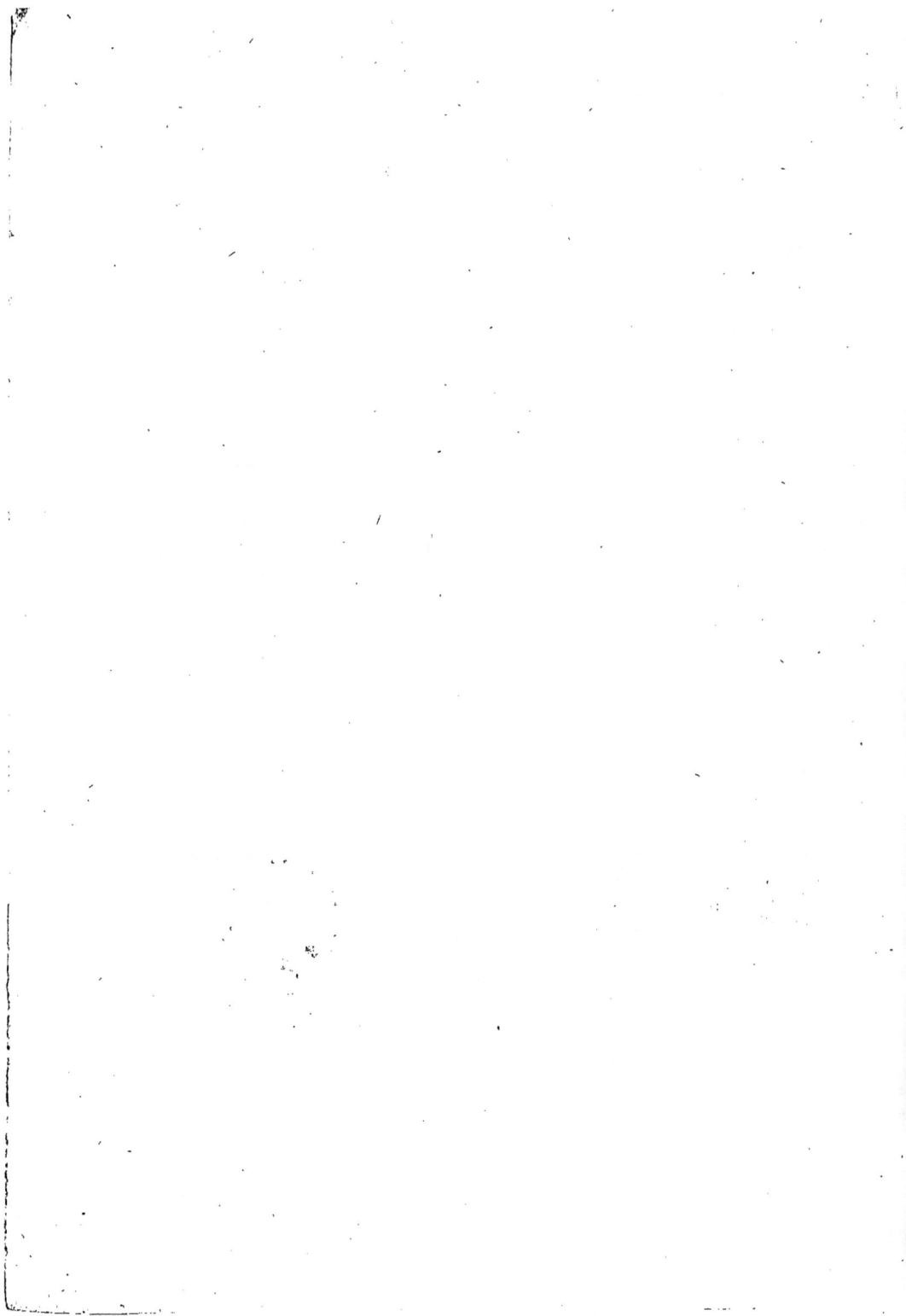

INTRODUCTION

DU

TRADUCTEUR;

SERVANT DE RÉPONSE AUX CRITIQUES.

TANT que les Sciences et les Arts ont été abandonnés à d'aveugles routines, leur marche a été incertaine, leurs procédés peu sûrs et leurs progrès presque nuls. La philosophie des faits ayant heureusement pris le dessus de cette philosophie *parlière*, comme disoit Montaigne, tous les bons esprits se sont tournés vers l'observation, et ont senti qu'il étoit enfin tems de bannir ces théories vaines, qui n'avoient d'autre recommandation que le nom de leurs auteurs. Plusieurs Sciences et Arts doivent leur régénération complette à cet esprit de recherche qui caractérise la fin du dix-huitième siècle.

On ne doit pas s'étonner de me voir faire ces réflexions, au sujet d'un traité sur la Tenue des Livres; toutes les Sciences se touchent, et leurs moindres ramifications ne sont point à négliger, sur-tout lorsqu'elles ont, comme celle-ci, une grande influence dans une des principales branches de la prospérité publique; car je ne crains pas d'avancer que l'ordre et la méthode sont plus nécessaires à un Négociant que des capitaux considérables. Avec peu de méthode et de grands capitaux il se ruine, et entraîne une foule de maisons dans sa chûte, tandis qu'au contraire il fait sa fortune et fait faire celle de ses correspondans, lorsqu'à de médiocres capitaux il joint beaucoup d'ordre et de méthode; cette partie essentielle du commerce demandoit hautement une réforme; un homme habile l'a tentée et a réussi.

Les Italiens ayant été les premiers, depuis la chûte de l'empire Romain, qui aient eu un système de commerce; les nations qui, réveillées de leur léthargie par la prospérité et la splendeur de toutes les petites républ de l'Italie, ont voulu entrer en concurrence avec elles, ont dû nécessair chercher à les imiter. Leur manière de tenir les Livres de commer donc adoptée ; elle est encore appelée la *Méthode Italienne*, et usité la plus grande partie de l'Europe commerçante, à quelques légers chang près dans les détails, introduits successivement, chez nous, par Sa Laporte, Giraudeau, etc., etc. chez les Anglais, par Smith, Kenr Booth, etc. L'auteur de l'ouvrage que j'ai traduit, et dont je une seconde Édition, paroît avoir apperçu de bonne heure l'ir sance, l'échaffaudage, et tous les défauts de l'ancienne Méthode dans des tems d'ignorance et de routine, réformée cent fois pa auteurs différens, elle ressemble à une nouvelle ville bâtie sur un plan, et à un vieil édifice auquel on distingue encore les différentes r tions, que cent architectes y ont faites dans différens tems. D'autres, M. Jones, s'étoient apperçu de tous les défauts qu'il reproche à la M Italienne ; mais, comme il le dit dans son Introduction, « si tous » çoivent et observent le mal dont ils ont quelquefois été les victim » en est peu qui s'attachent opiniâtrement à y trouver un remède. » Il pu ajouter, et qui en profitent lorsqu'il est trouvé. Tant l'habitude a d'e sur les hommes !

L'ancienne Méthode étoit un vieil édifice qui tomboit de vétusté ; il f ou l'abandonner, ou se résoudre à périr sous ses décombres ; c'ét labyrinthe dont il n'étoit pas donné à tout le monde de connoître l'issu sortie, et dans lequel peu de personnes tenoient le fil conducteur. La Ten Livres, et sur-tout la Tenue des Livres en partie double, étoit presq Science occulte, il falloit plusieurs années d'un travail pénible et fasti pour oser prendre le titre de Teneur de Livres ; et quand l'on jette un d'œil sur les énormes traités, que depuis cent ans on a publiés su matière, il semble qu'il faille infiniment plus de connoissances pour rendre compte du résultat d'une spéculation, qu'il n'en a fallu pour la concevoir. Quelques bons ouvrages ont déjà commencé à détruire cette espèce de prestige ; et nous osons croire que celui de Jones achevera complettement de rendre les Livres de commerce intelligibles à tout le monde.

La rapidité avec laquelle la première Édition de cet ouvrage s'est écoulée, est une preuve que la Méthode de Jones mérite l'accueil qu'elle a reçu chez différentes nations commerçantes ; cependant, comme chez nous quelques personnes l'ont critiquée, l'un avec des plaisanteries, un autre avec emportement, un troisième, dans un livre aussi volumineux que la Méthode, un quatrième, dans un supplément à sa propre Méthode, qu'il s'est hâté de perfectionner d'après celle de Jones ; je vais en peu de mots leur répondre, sur-tout à ces deux derniers, dont la critique est aussi modérée que décente.

Leurs objections se réduisent à trois principales ; 1°. La Méthode ne s'adopte pas aux comptes en participation ; 2°. S'il y a plus de vingt-six comptes, comment les désignera-t-on ? 3°. Si dans le Journal on porte à la colonne du débit, une somme qui devroit être dans celle du crédit et réciproquement, la somme des deux colonnes extérieures sera toujours égale au montant de la colonne intérieure, et cependant il y auroit une erreur.

1°. *La Méthode ne s'adopte pas aux comptes en participation.* Commençons par examiner ce que c'est qu'un compte en participation ; cet examen nous prouvera qu'il étoit inutile d'en faire un article exprès dans l'ouvrage, et que, pour peu qu'on entendît la Méthode, il étoit facile d'en déduire la manière de *passer* ces articles. En effet, on appelle compte en participation le compte de marchandises, dont nous ne possédons qu'une portion, et qui sont vendues par nous, ou par un correspondant, pour compte commun. Il ne s'agit donc que de débiter ou de créditer une personne, pour une portion du montant ou du produit de marchandises vendues par elle ou par nous pour ce compte commun. Par exemple : Jacques adresse à Paul dix tonnes de vin, pour vendre de *compte à demi ;* Paul, en recevant ces vins, crédite Jacques de leur montant, et le débite de la moitié des frais, pour la totalité desquels il crédite le caissier. Il fait une colonne particulière de ces vins, dans son Livre de marchandises ; et, lorsqu'ils sont vendus, il crédite Jacques de la moitié du bénéfice net, ou le débite de la moitié de la perte. Jacques, de son côté, débite Paul du montant de ces vins, et, en recevant le *compte de vente*, le débite encore de la moitié du bénéfice net, ou le crédite de la moitié de la perte. Si dans le cours de la vente il y a eu des traites, ou des remises entre les deux correspondans, pour cet objet, on en passe écriture à l'ordinaire. Maintenant qu'on suppose un compte en participation, tel compliqué qu'on voudra, il sera toujours possible de le ramener au cas que je viens de rapporter. Passons à la deuxième objection.

2°. *S'il y a plus de vingt-six comptes, les lettres de l'alphabet ne suffiront pas pour les désigner.* Je renvoie pour cette objection, à la réponse que j'ai faite à M. Rodrigue, page *x* ; il supposoit qu'il falloit un grand effort d'imagination pour créer les signes de trois cents comptes, et je lui en ai donné plus de quinze cents à choisir ; je crois qu'il y en a assez pour contenter M. Rodrigue ; eut-il autant de comptes à ouvrir, que le gouvernement Anglais en a à solder.

3°. *Si, dans le Journal, on porte à la colonne du débit, une somme qui devroit être dans celle du crédit*, etc. Ce défaut ne tient pas plus à la Méthode de Jones, qu'à l'imperfection de toutes celles qui sortent de la main des hommes. Il n'y a point de Méthode qui puisse suppléer à l'attention, et certainement, il faut en manquer beaucoup pour commettre l'erreur dont on parle. Le meilleur procédé sera donc celui qui présentera le moins de probabilités de se tromper. Voyons si, sous ce point de vue, le moyen indiqué par Jones ne mérite pas la préférence, et pour cela, comparons les deux manières rapporter. Dans l'ancienne on prend la somme dans la colonne unique du urnal, et on la porte au Grand-Livre, en passant alternativement d'un bit à un crédit, et d'un crédit à un débit, dans l'ordre où les articles se ccèdent. Dans la Méthode en question, après s'être assuré si l'article est bit ou crédit, on en porte le montant dans la colonne à laquelle il apparnt, et ce n'est qu'après cette opération faite pour tous les articles qu'on a à pporter, qu'on commence à les inscrire au Grand-Livre. Or tout le monde nviendra qu'il est bien moins facile de se tromper en portant des chiffres une colonne dans une autre, sur la même page, que de les porter d'un ivre dans un autre. Dans le premier cas, c'est un tableau qu'on a sous s yeux, et dans lequel on voit en même-tems, et les deux sommes et leur ture; tandis que dans la Méthode ordinaire on ne peut véritablement ssurer que l'article est à sa place, qu'après avoir en quelque sorte recomencé l'opération, puisqu'on ne peut comparer les deux sommes d'un même up-d'œil.

On a encore demandé comment on feroit entrer dans le Livre de récapitulaon, de nouvelles marchandises qu'on acheteroit dans le cours du mois, et même nature que d'autres déjà enregistrées. Si l'on avoit acheté d'autres ns, par exemple, que ceux d'Antonio, où les placer dans la colonne, isqu'elle est déjà remplie? En pareil cas, on trace une nouvelle colonne; à la fin du mois ou du folio, on réunit les marchandises de même nature ns une seule colonne, à moins qu'on n'ait des raisons pour les tenir parées; comme dans un compte en participation, ou lorsqu'on veut savoir que telle marchandise aura donné de bénéfice ou de perte.

La multiplicité des colonnes du Grand-Livre a paru un défaut à quelles personnes. Cependant, si l'on a bien entendu le principe sur lequel pose tout le système, on doit voir que le nombre des colonnes est indifrent. On pourroit n'en avoir que trois, qui contiendroient chacune quatre mois, au lieu de quatre qui contiennent trois mois ; on pourroit même, dans certaines maisons, n'avoir que deux colonnes pour chaque six mois. Mais il sera toujours plus avantageux à une maison qui a un grand courant d'affaires, d'avoir beaucoup de divisions, afin de circonscrire les erreurs dans le moindre espace qu'il est possible. Quant aux monnoies étrangères qu'on voudroit conserver dans certains comptes, rien n'empêche, après les avoir entrées dans le Journal, de les réunir pour chaque mois dans la colonne centrale du Grand-Livre ; il est assez inutile de les retracer dans les colonnes latérales ; et, si l'on avoit besoin du détail, il ne seroit pas si long de recourir au Journal.

Je ne parlerai pas du singulier tableau, que vient de publier M. Degranges, et qu'il donne comme préférable à la Méthode de Jones. Je peux à peine croire que ce soit sérieusement qu'il le propose ; car s'il avoit deux ou trois cents débiteurs, comment sa septième colonne contiendroit-elle les balances de tous ces comptes ?

Mais je m'arrête, pour ne pas faire moi-même le rôle de critique ; ce n'est point aux parties intéressées à se juger elles-mêmes. La Méthode de Jones a été attaquée, et je m'y attendois, par des critiques dictées la plupart par la mauvaise foi, l'intérêt, et même par l'emportement ; je devois y répondre ; je l'ai fait avec répugnance, mais je l'ai fait avec la modération et la décence, dont les deux plus estimables critiques de la Méthode m'ont donné l'exemple. J'ai fait ma réponse courte, car ce n'est pas ce que je pourrois ajouter de plus, qui feroit prévaloir la Nouvelle Méthode sur celle en usage. C'est au tems, à l'expérience, et à l'intérêt particulier que j'en appelle. Je suis persuadé que ceux même, parmi les esprits justes et désintéressés, qui ne l'adoptent pas, d'après l'inconvénient qu'il y a de changer de Livres et de Méthode tout-à-coup, ne peuvent s'empêcher d'en faire l'éloge. Pour trois ou quatre Zoïles, il y a des milliers de personnes, étrangères à toutes les petites menées de l'intérêt ou de l'envie, qui, ne jugeant que par elles-mêmes, lui rendent plus de justice. A la fin, le nombre et la froide raison l'emporteront. C'est au moins ce que le prompt débit de la première Édition, et les demandes multipliées et anticipées de la seconde, me donnent lieu de présumer. La Méthode Anglaise a trop d'avantages sur la Méthode Italienne, pour que tôt ou tard on ne l'adopte pas généralement. Ceux qui l'ont critiquée avec le plus de partialité et le moins de ménagement, ne lui reprochent en somme, que de n'être pas réellement nouvelle, ni préférable à la méthode actuelle; il est même tel de ces critiques, qui, tout en la critiquant, s'est hâté de réformer sa Méthode sur celle de Jones; il devoit être porté à la traiter le moins favorablement, comme auteur lui-même d'une Méthode de tenir les Livres; et cependant il est encore celui de tous les critiques, qui lui a été le plus favorable. Au reste, la grande sensation que cette Méthode a faite parmi les commerçans et teneurs de Livres, prouve, comme l'a dit le Journal du Commerce, que ce n'est point une Méthode vulgaire ou l'on resasse ce qui a été dit vingt fois. J'en appelle donc de nouveau au Public, et j'espère que l'approbation qu'il donnera à cette nouvelle Édition, corrigée et revue avec soin, prouvera de plus en plus que la Méthode de M. Jones, joint à une théorie sûre, une pratique facile; pour moi, je pense avec l'Auteur et tous ses partisans, qu'elle réunit ce double avantage. Je renvoie pour de plus amples explications de la Méthode à l'extrait du Journal des Arts, page *xiv*; elle y est développée et exposée d'une manière aussi claire et lumineuse qu'impartiale. Voyez aussi la réponse qui suit au cit. Rodrigues.

J. G.

RÉPONSE

Insérée dans le *Journal du Commerce*, du 23 Brumaire an XII, à la Critique du Citoyen RODRIGUES, fils, consignée dans le même Journal.

Aux Rédacteurs du Journal du Commerce.

CITOYENS, je viens de lire la critique que le citoyen Rodrigues fils a fait insérer dans votre Journal, contre la *Méthode simplifiée de la tenue des livres de E. T. Jones.* Les sollicitations de plusieurs partisans de la Méthode, et la considération méritée dont jouit votre Journal, me font un devoir d'y répondre. L'ouvrage de Jones est entre les mains du Public, juge-né de tout ce qui est imprimé; c'est donc au Public que je dois en rappeler de la décision tranchante du citoyen Rodrigues fils. Or, l'opinion du Public n'est point équivoque. L'ouvrage a eu, en Angleterre, et dans les Etats-Unis, quatre éditions, depuis 1797 qu'il paroît; et l'on peut juger du grand nombre d'exemplaires qu'on en a tirés, par la liste des souscripteurs de la deuxième édition anglaise que je possède; liste dont les noms sont connus de tous les négocians et banquiers; liste qui monte à plus de 4500, non compris ceux de l'Irlande et de l'Amérique; et mon exemplaire est coté de la main même de l'auteur 5151. On y voit les deux certificats de la banque d'Angleterre et de la banque de Bristol, dont M. Rodrigues affecte de soupçonner l'authenticité, certificats imprimés et réimprimés en Angleterre sans aucune réclamation des directeurs et gouverneurs de ces banques, certificats qui ont valu à l'auteur un brevet d'invention du roi d'Angleterre, en vertu duquel il vend son livre, et le droit de se servir de sa Méthode, une guinée et demie. La traduction que j'ai donnée, tirée à deux mille exemplaires, a été presque épuisée en moins de trois mois; et je suis sur le point d'en donner une deuxième édition. Tous ces faits sont, pour ceux qui ne connoissent pas l'ouvrage, ou qui ne sont pas en état de l'apprécier, la meilleure réponse que je puisse faire au citoyen Rodrigues, qui sera sans doute désespéré, lorqu'il apprendra un succès aussi rapide, de ne s'y être pas pris plutôt pour faire ouvrir les yeux au Public, sur les *assertions fausses* et *dangereuses de cet ouvrage.* Des *assertions fausses*

fausses et dangereuses dans un livre de calcul! *Je suis à concevoir*, dites-vous, *qu'un homme qui s'annonce pour teneur de Livres, ait pu traduire un ouvrage aussi imparfait et aussi inutile.* Il paroît que la traduction de cet ouvrage vous deplaît beaucoup, M. Rodrigues, et qu'elle est venue bien mal-à-propos pour vous. Qui peut donc vous donner tant d'humeur. Ce n'est pas l'auteur ni le traducteur; vous ne les connoissez pas. Seroit-ce donc le succès de leur ouvrage? *ouvrage qu'on répand*, dites-vous, *avec une espèce d'affectation, et qu'on voudroit faire adopter par le gouvernement comme un livre classique*? Je vous assure cependant, citoyen Rodrigues, que les libraires-éditeurs ne sont pas d'humeur à en faire des distributions gratuites.

Il faut quelquefois beaucoup de sagacité pour démêler les motifs de la conduite de certains hommes. Mais le citoyen Rodrigues nous épargne pour lui tout cet embarras. *Je démontrerai*, dit-il, *dans un ouvrage que je me propose de publier*, sur la tenue des Livres, que la Méthode de Jones ne vaut rien, malgré tout son succès. Ah! citoyen Rodrigues, vous vous proposez de publier aussi un ouvrage sur la tenue des Livres! C'est bien-là le cas de dire: *Vous êtes donc orfèvre aussi, M. Josse*! soit; mais au lieu de nous vanter d'avance votre chef-d'œuvre, faites-le paroître; et s'il est meilleur que l'ouvrage de Jones, vous ne devez pas être inquiet sur son sort. Dans des livres de calculs, il n'y a pas à craindre que le Public se trompe. Ainsi, citoyen Rodrigues, vous voulez publier un livre dans lequel, probablement, vous prodiguerez la science où il ne faut que du sens commun; loin de vous fâcher du succès d'un livre aussi court que celui de Jones, vous devez en conclure que le vôtre en obtiendra un bien plus considérable, ou, pour mieux dire, proportionné à la grosseur du volume qui ne peut être médiocre, si vous y placez tout le savoir que vous annoncez.

Mais passons aux *assertions fausses, dangereuses, mal sonnantes et sentant l'hérésie*, que le citoyen Rodrigues m'accuse de propager en fait de tenue des Livres.

1°. *Les deux colonnes additionnelles du Journal en partie simple sont inutiles.* Le cit. Rodrigues n'a pas lu la page 31 (25, 2e. édit.) de la Méthode; car il n'est pas possible qu'il regarde comme inutile, 1°. l'avantage que donnent ces deux colonnes de connoître dans tous les tems le montant du débit ou du crédit d'un courant d'affaires, sans avoir besoin de solder les comptes particuliers; 2°. la certitude de ne pouvoir se tromper en rapportant un article du débit au côté du crédit, et réciproquement.

2°. *Le modèle du Journal en partie double est plus compliqué que dans la*

Méthode ordinaire. Le modèle du Journal en partie double n'est donné que pour ceux qui, par habitude, tiendroient encore à cette manière, laquelle est bien améliorée dans la Méthode de Jones, qui préfère d'ailleurs sa partie simple. Si avec cette amélioration la partie double est encore trop compliquée, qu'est-elle avec tout l'échaffaudage qui l'accompagne ordinairement?

3°. *La lettre de l'alphabet que l'auteur assigne à chaque compte nominal, n'est propre qu'à jeter de la confusion... Qu'on suppose seulement trois cents comptes, et qu'on voie ce qu'il faudroit d'imagination et de mémoire pour créer ces signes et ne pas les confondre.* Bien loin de jeter de la confusion, la lettre assignée à chaque compte nominal empêche de porter au compte de *Jacques* ce qui appartient au compte de *Pierre.* En effet, une différence entre la lettre mise en regard d'un article du Journal et celle du même nom, dans l'alphabet, indique nécessairement une erreur; dans le cas contraire, tout est juste. En se servant de points, on voit bien si l'article est rapporté, mais on ne voit pas s'il l'est bien ou mal. L'imagination du cit. Rodrigues n'est pas féconde, s'il suppose qu'il faille un grand effort pour trouver trois cents caractères différens. A l'aide des lettres et des chiffres, j'en trouve d'abord 286 depuis *A* jusqu'à Z9; et 234 depuis 1 *a* jusques à 9 *z*, total, 520. Nous doublerons ce nombre en écrivant les lettres en ronde ou en bâtarde; ce qui fait un total de 1040 caractères; auquel nombre il est facile d'en ajouter 520 autres en capitales ou grandes lettres: total 1560. Et puis, qui empêchera M. Rodrigues, que je crois un peu grec, de mettre à contribution l'alphabet grec? etc. etc.

4°. *On ne parle point de comptes en participation dans l'ouvrage; donc la Méthode est insuffisante pour ce genre de compte.* Cette manière de raisonner n'est pas très-logique; on auroit pu tirer cette conclusion, si quelqu'affaire en participation ne pouvoit se passer, ou se trouvoit mal passée par un défaut de la Méthode. Fait-on plus que *débiter* ou *créditer* dans un compte en participation? Dans la seconde Édition que je prépare de cet ouvrage, je ferai voir au cit. Rodrigues qu'on ne fait que cela, et que, s'il ne l'a pas apperçu, c'est que trop de science embrouille souvent les idées et ne permet plus d'appercevoir celles qui sont simples et évidentes.

5°. L'observation sur la manière dont le Grand-Livre est rayé, est trop puérile pour que je m'y arrête. Il est, et il devoit être rayé conformément à la Méthode; et il a l'avantage d'offrir, sous un seul point de vue, chaque compte nominal de toute une année, le débit sur une page, le crédit sur l'autre, en regard, divisé chacun par trimestre et par mois.

6°. *L'opération de pointer peut avoir lieu dans la Méthode de Jones comme dans toute autre.* La manière de pointer de Jones diffère de celle employée jusqu'à présent, autant par l'expédition que par le degré de certitude, puisqu'il est seulement nécessaire d'additionner les colonnes du Grand-Livre d'un bout à l'autre ; d'ailleurs, l'opération de pointer n'est pas toujours nécessaire dans la Méthode de Jones, et ne peut avoir lieu que *pour* 3 *mois*, et même *pour un mois*, au moyen d'une amélioration facile, propre à la Méthode de Jones ; amélioration que tout le monde appercevra, excepté peut-être le cit. Rodrigues.

Toutes les personnes désintéressées et de bonne foi sentiront combien il est pénible de répondre à une critique aussi peu fondée, aussi tranchante, aussi emportée que celle du cit. Rodrigues. Mais comme mon silence pourroit être pris pour un aveu par les personnes qui ne connoissent pas l'ouvrage, je n'ai pu me dispenser de détruire l'impression que les assertions du cit. Rodrigues auroient pu faire sur ces personnes ; je ne suis pas inquiet de celles qui l'ont lu, et qui sur-tout n'ont point, comme le cit. Rodrigues, de raisons d'être jalouses du succès extraordinaire de la Méthode de Jones. Tout le monde n'a pas une méthode à publier.

.... Famæ
Sacra fames, quid non mortalia pectora cogis?

J. G., *traducteur de la* Méthode de Jones.

EXTRAITS

Des Journaux qui ont rendu compte de la *Méthode* de *Jones.*

Extrait du Journal du Commerce.

MÉTHODE SIMPLIFIÉE *de la tenue des Livres*, etc. Dans son avertissement, le traducteur s'étonne qu'une Méthode aussi utile ne soit pas encore connue en France. Depuis 1796 que l'ouvrage a paru, il s'en est déjà écoulé deux Editions en Angleterre, et deux en Amérique, malgré le prix d'une guinée et demie pour un si petit volume. L'ouvrage fut traduit en hollandais dès qu'il parut, et la Méthode est généralement adoptée en Angleterre, en Ecosse, en Irlande, en Hollande, et dans les Etats-Unis.

Il n'est pas question ici, comme on voit, d'un nouveau Livre où l'on ressasse ce qui a été dit vingt fois auparavant, sur une même matière. On offre une méthode absolument nouvelle de tenir les Livres dans une maison de commerce. Cette annonce présente deux questions : la première, la Méthode de Thomas Jones est-elle réellement nouvelle ? La seconde, est-elle préférable à la méthode suivie dans toutes les maisons de commerce ? Selon Thomas Jones, la méthode actuelle n'est qu'une routine qui ne se trouve appuyée sur aucun principe.

L'auteur fait des reproches encore plus graves à cette méthode, en disant qu'elle peut favoriser l'infidélité d'un commis, la mauvaise foi d'un associé, et donner à un débiteur qui prépare une banqueroute, les moyens de tromper ses créanciers.

La Méthode de Thomas Jones, au contraire, repose sur un principe invariable : « La plus légère erreur » est aussitôt découverte et redressée ; et si l'on croit quelquefois nécessaire d'examiner les Livres tenus » d'après ce plan, *mille articles rapportés* peuvent être facilement *pointés en une heure* de tems, par une » *seule personne*, sans la moindre assistance et sans la possibilité de laisser passer une erreur de la plus » modique somme ; car j'ai examiné *cent articles d'un Grand-Livre en moins de cinq minutes.* Personne » en conséquence n'est excusable de ne pas repasser ses Livres ; il est digne de remarque que la manière » simple et facile, dont un négociant peut s'assurer de ses profits ou de ses pertes, *détruit la possibilité* » que l'homme le plus adroit puisse tromper son associé, s'il possède seulement le sens commun. »

L'auteur tient-il tout ce qu'il promet ; c'est aux hommes expérimentés dans cette partie, et ayant un assez bon esprit pour se mettre au-dessus de la routine et pour n'être pas dominés par leurs habitudes, à en juger; la chose en vaut bien la peine. Les Livres sont l'instrument le plus important du négociant ; le bon ordre est la sauve-garde de la fortune et de l'honneur, et le bon ordre est dans la tenue des Livres. Nombre de chefs de maison très-honnêtes ont succombé, pour n'avoir pas assez connu le fonds de leurs affaires; et ils n'ont pas eu cette connoissance, parce qu'ils n'ont jamais eu le courage de pénétrer dans le cahos de leurs Livres. Une Méthode que l'on annonce comme si commode pour se rendre compte à soi-même, et à chaque instant, de l'état de ses affaires, mérite la plus sérieuse attention. En attendant que l'opinion se forme sur cette nouvelle invention, nous répéterons ici les observations que nous avons entendues.

La nouvelle Méthode est fixe et invariable, courte et moins embarrassante que toutes celles mises en pratique jusqu'à présent. Cependant l'auteur conviendra qu'il faut dix colonnes à son Journal dans sa partie simple, et quinze colonnes au Grand-Livre; il en faudroit vingt ou vingt-cinq dans le commerce d'orfèvrerie. Il semble que si l'on appelle cela une méthode simple, on pourroit demander ce que c'est qu'une méthode compliquée. (*Voyez la réponse dans l'Introduction*, pag. v).

Abstraction faite des deux extrêmes de son discours, c'est-à-dire, que rien n'est égal à sa découverte, et que rien n'est plus vicieux que la manière actuelle de tenir les Livres, on peut tirer parti de son procédé pour le commerce, en retranchant une partie des détails dans quelques branches de négoce, et en y ajoutant quelques précautions pour d'autres.

Le conseil qu'il donne d'attacher une lettre de l'alphabet à chacun des comptes ouverts, est bon, et peut prévenir des erreurs. Son Livre présentant le compte d'une année, peut servir de guide à ceux qui n'ont pas l'habitude des comptes.

La marche qu'il prescrit de mettre le *débit* et le *crédit* dans une seule colonne, peut servir de contrôle, puisque l'addition du *crédit* ajoutée à celle du *débit*, doit donner absolument la même somme; mais l'auteur ne doit pas croire que ce procédé est de son invention; car, quoiqu'on ne l'observe pas pour chaque jour, il n'a jamais été balancé de compte autrement.

Au reste, ce volume a 65 pages, et ce n'est pas la peine, pour les amateurs, de ne pas se mettre à même d'apprécier ce qu'on donne pour une nouvelle invention; et pour beaucoup de personnes de commerce, de ne pas se procurer une Méthode dont elles peuvent tirer parti.

Observation des Éditeurs. *On voit que la Méthode est plus louée que critiquée, même par ceux qui lui sont le plus opposés; car ce Journal a mis beaucoup de partialité dans la discussion qui s'est élevée au sujet de cette Méthode; il en est de même de tous les autres critiques, auteurs de méthodes imprimées ou manuscrites. On sent, après les avoir lus, qu'au résultat ils trouvent la Méthode bonne, mais qu'ils ne veulent pas quitter l'ancienne, parce qu'elle n'est pas aussi mauvaise que Jones le dit, ni celle de Jones meilleure que celle dont ils vivent.*

Extrait du Journal des Arts, du 25 Vendémiaire an XII.

Méthode simplifiée *de la Tenue des Livres*, etc. Un défaut qu'on a toujours reproché à la mani
tenir les Livres en partie double est le peu de certitude qu'elle donne que tous les articles du Jo
soient fidellement et convenablement rapportés au Grand-Livre; c'est ce grave inconvénient que
teur s'est particulièrement attaché à détruire; et de tous les moyens qu'on pouvoit employer po
parvenir, celui qu'il a choisi nous paroît le plus efficace.

Il préfère la partie simple à la partie double; mais, par une manière fort ingénieuse
rayer les Livres, cette partie acquiert les avantages de la partie double ordinaire sans en avoir les inc
véniens. Outre la colonne où se porte le montant de tous les articles débit et crédit, à mesure que ces arti
se passent au Journal, il a deux autres colonnes, l'une à droite, intitulée *avoir*, et l'autre à gauche, inti
lée *doit*, où à la fin du mois il transporte ses sommes selon leur nature.

Il est évident que le montant de ces deux colonnes doit égaler le montant de celle qui réunit les de espèces de sommes. A côté de chacune de ces deux colonnes, il y en a deux autres qui servent à recevoir, l'un les folios du Grand-Livre, et l'autre des lettres qu'on écrit au lieu de points en regard de chaque article pour marquer qu'il est rapporté au Grand-Livre. *Chaque compte est désigné par une lettre particulière* écrite à l'alphabet de même qu'au Grand-Livre après le nom de la personne.

Au moyen de ces lettres, on est toujours à même de s'assurer si l'article a été reporté au compte convenable; car si une lettre se trouvoit écrite vis-à-vis tout autre compte que le sien, cet article auroit été mal rapporté. En se servant de points on voit bien si l'article est rapporté, mais on ne voit pas s'il l'est bien ou mal.

Les folios du Grand-Livre sont divisés à droite et à gauche en quatre colonnes principales, tellement combinées, qu'elles laissent au milieu un espace à peu-près double de la largeur d'une colonne. Chacune d'elles contient le montant, article par article, des opérations de trois mois, suivant le détail du Journal; l'espace du milieu sert à représenter le montant total des transactions de chaque mois, détaillées à leur côté respectif. On a ainsi, dit l'auteur, dans un petit espace l'état général du compte d'une personne pendant l'année; dans les colonnes de droite et de gauche, le montant de chaque opération séparément; et dans le centre la situation de chaque mois.

Nous avons dit qu'à la fin du mois on additionnoit le Journal pour vérifier si ce montant des colonnes extérieures égaloit celui de la colonne intérieure; tous les trois mois on arrête les additions, et leur somme doit s'accorder avec le montant des colonnes du Grand-Livre correspondant au même espace de tems.

Prenant pour exemple les mois de Vendémiaire, Brumaire, Frimaire, si les articles sont exactement rapportés, le montant de ces trois mois au Journal doit égaler la somme de toutes les colonnes de ces mêmes trois mois dans le Grand-Livre. Vérifiant ainsi trois mois par trois mois, s'il arrivoit qu'on trouvât une différence dans les montans, on seroit sûr qu'il ne faudroit chercher l'erreur que dans les trois mois dont le total ne s'accorderoit pas au Journal et au Grand-Livre.

Maintenant, venons à la balance générale, cet écueil de tous les teneurs de Liv^{es}. La Méthode de *Jones* fait disparoître tous les inconvéniens qui sont inhérens dans les méthodes anciennes, et la balance générale devient une opération aussi facile que le reste, puisqu'elle peut se faire d'un moment à l'autre, sans qu'il soit besoin de se donner la peine de solder aucun compte particulier, mais seulement en additionnant le Grand-Livre; car la différence du total des colonnes de droite et de gauche de chaque folio indique quel doit être le total des balances de ce même folio. Voici comment l'auteur s'explique à ce sujet: « A la fin de l'année, ou dans tout autre temps, lorqu'on balance les comptes, on doit entrer dans le Journal les marchandises invendues à prix d'achats, on leur ouvrira un compte dans le Grand-Livre, au débit duquel on portera le montant total. L'addition générale du Grand-Livre doit alors se compléter; et si elle est conforme à celle du Journal et au montant des sommes placées au bas des colonnes, alors on peut soustraire les débits des crédits, et on aura le bénéfice de son commerce; à moins que les débits ne dépassent les crédits, ce qui indiqueroit de la perte.

» En établissant les balances du Grand-Livre, une règle à observer, à l'aide de laquelle on ne peut pas se tromper: à mesure que vous avancez, prenez la différence *entre* les débits et les crédits de chaque folio, et comparez-le avec la différence des balances actives et passives; si elles sont conformes, l'opération est juste, autrement non. »

Telle est la Méthode de *Jones*, si généralement adoptée en Angleterre et dans les Etats-Unis: on ne peut s'empêcher de la préjuger favorablement, lorsqu'on voit en tête de l'ouvrage les certificats pleins d'éloges, qu'ont délivrés à l'auteur les gouverneurs et directeurs des banques d'Angleterre et de Bristol. Il est des cas où, comme dans celui-ci, des noms deviennent une autorité, sur-tout quand ils sont aussi respectables dans le commerce, que ceux qu'on lit au bas de ces certificats. Nous finirons en recommandant à l'examen sérieux des personnes chargés de l'éducation, le plan que l'auteur propose pour enseigner sa Méthode dans les écoles, et par lequel il termine son ouvrage; il est ingénieux, facile, et ne peut manquer d'habituer les jeunes élèves à cet esprit d'ordre si nécessaire dans toutes les situations de la vie, et sur-tout dans les opérations commerciales. Il seroit à desirer que le gouvernement l'introduisit dans les écoles nationales, et mit la Méthode elle-même au rang des Livres classiques.

Extrait des Petites Affiches de M. Ducray-Dumenil.

Méthode simplifiée *de la Tenue des Livres*, etc. Les bornes d'un journal ne nous permettent pas d'e: cette Méthode aussi simple, aussi facile et aussi courte qu'elle est sûre ; ni d'en faire voir les avantag toutes les méthodes connues ; mais nous ne pouvons résister à copier le plan que propose l'auteur enseigner sa Méthode dans les écoles, plan aussi ingénieux qu'utile pour former une pépiniè jeunes commerçans, et qui devroit être adopté par le gouvernement, etc.

Extrait du Moniteur, du 16 Brumaire an XII.

Le rédacteur rendant compte de *la Science des négocians et teneurs de Livres, par M. Bouch* s'exprime ainsi à la fin de son article : « En parlant d'amélioration et de simplification des méthoi nous ne pouvons que citer avec éloge l'ouvrage de M. Jones, traduit de l'anglais, sous le titre *Méthode simplifiée de la Tenue des Livres*, que nous avons annoncée dans cette feuille, le 9 fructi dernier ; mais nous nous faisons un devoir d'observer en même-tems, que le meilleur, en fait de méthoi est nécessairement relatif. Cependant les méthodes mixtes, proposées par le professeur Boucher et l'auteur Anglais précité, nous paroissent mériter une attention d'autant plus grande, qu'elles sont d'v application plus facile, et qu'elles se prêtent aux cas les plus compliqués. »

Cet éloge est d'autant plus flatteur pour la Méthode de Jones, qu'il est indirect. Je pourrois ajout à ces extraits, ceux de plusieurs autres journaux, qui, en fructidor, vendémiaire et brumaire, n'ont pas rendu un compte moins avantageux, tels que le Journal des Débats, le Journal des frèr Chaigniau, le Journal des Spectacles, le Magasin Encyclopédique, la Correspondance du Cultivateur le Journal de la Littérature de France, le Bulletin de Littérature, etc, etc. ; je pourrois aussi produir nombre de lettres de négocians et de teneurs de Livres, qui, tous rendent une justice éclatante à l: Méthode ; mais tous ces éloges seroient inutiles pour les envieux, et superflus pour les personnes de bonne foi.

Nota. *Les Libraires-Éditeurs recevront avec reconnoissance toutes les observations et améliorations qu'on voudra bien leur envoyer ; ils en feront usage, avec l'agrément des auteurs, dans la troisième Édition. Ils prient d'affranchir les lettres.*

AVERTISSEMENT

AVERTISSEMENT

DU

TRADUCTEUR

DE LA PREMIÈRE ÉDITION.

BIBLIOTHÈQUE ROYALE

Les découvertes qui méritent vraiment ce nom, ont toujours un caractère de simplicité qui les distingue des conceptions laborieuses et compliquées des hommes à routine. Il faut si peu de mots pour les énoncer, elles paroissent si faciles au premier coup d'œil, qu'on est tout étonné de ne les avoir pas faites soi-même. La Méthode exposée dans l'ouvrage que nous présentons au Public, porte éminemment cette empreinte particulière du génie ; et, après l'avoir examinée, on ne peut se défendre d'un sentiment de surprise, de ce qu'une découverte d'une utilité aussi immédiate, et dont le besoin est si péniblement senti par le Commerce, soit restée plusieurs années sans être connue parmi nous.

On ne reprochera pas à la Méthode de JONES d'être du nombre de ces théories vaines, dont la nullité se démontre à l'application. Des hommes du plus haut rang parmi les Commerçans, le Gouverneur et les Directeurs de la Banque d'Angleterre l'ont sanctionnée, l'ont adoptée. Leur jugement a été confirmé par la Nation entière ; car, depuis 1796, deux éditions en Angleterre et deux autres en Amérique se sont écoulées, malgré le haut prix d'une guinée et demie pour un si petit ouvrage. Le Brevet d'Invention qu'a obtenu l'Auteur, et en vertu duquel il vend avec son Livre le droit de faire usage de sa Méthode, est cause de ce prix exorbitant. L'exemplaire de la seconde édition anglaise, sur lequel nous avons fait notre traduction, est coté 5,151, et contient une liste de plus de 4,500 souscripteurs, non compris ceux de l'Irlande.

Ce n'est point sur une seule inspection de l'ouvrage, que nous nous sommes déterminés à le traduire. Dans un voyage fait aux États-Unis en 1798, nous y avons trouvé cette Méthode généralement adoptée; et convaincus, après un examen réfléchi, de sa supériorité sur toutes les routines incertaines, insuffisantes et compliquées qui l'ont précédée, nous l'avons depuis constamment employée nous-mêmes. Nous comptions peu, à notre retour, avoir à faire connoître jusqu'à l'existence d'une découverte aussi précieuse pour le Commerce; et, nous le répétons, c'est encore pour nous un objet d'étonnement, que, parmi tant de Livres qu'on a fait passer dans notre langue depuis quelques années, on ait oublié d'y comprendre le livre dont nous avions précisément le plus de besoin, le plus propre à faciliter les opérations commerciales, et à en étendre le goût parmi les jeunes gens, sur-tout si le Gouvernement adopte le plan que propose l'Auteur, pour enseigner sa Méthode dans les Écoles, en la mettant au rang des Livres classiques et élémentaires.

Dans son Introduction, l'Auteur a trop clairement démontré les avantages de sa Méthode sur les routines adoptées, pour qu'il soit nécessaire d'en rien dire ici; mais afin qu'on ne croie pas que les inconvéniens de ces routines, dont il se plaint si énergiquement, ne demandent pas un aussi prompt remède dans notre pays que dans le sien, nous nous contenterons de citer le passage suivant, du plus court, et par conséquent du meilleur des ouvrages modernes qui ait paru avant celui de Jones sur la Tenue des Livres:

„ 1°. Un Négociant qui veut faire sa balance, doit, avant tout, faire
„ l'inventaire estimatif de tout ce qu'il possède, tant en marchandises,

„ argent, billets à recevoir, qu'en immeubles, etc. etc., et de ce qu'il doit „ par billets.

„ 2°. Il faut qu'il pointe de nouveau ses Livres, c'est-à-dire, qu'il vérifie „ si les articles du Journal sont bien rapportés au grand Livre.

„ 3°. Qu'il additionne le débit et le crédit de chaque compte du grand „ Livre sans exception.

„ 4°. Qu'il réunisse sur une feuille ou sur un cahier de papier, les dé- „ bits des différens comptes les uns au-dessous des autres, pour connoître „ le total de ces débits réunis, et qu'il en réunisse également tous les „ crédits..... (!!!)

„ ..... Le total de ces débits réunis doit nécessairement égaler celui „ des crédits, puisqu'on n'a jamais porté un sou au débit d'un compte du „ grand Livre, qu'on ne l'ait porté au crédit d'un autre. S'il existoit la „ moindre différence, elle décéleroit des erreurs, qu'il faudroit chercher „ *en pointant de nouveau les Livres, et en repassant toutes les additions* „ *déjà faites, et même en examinant chaque article du Journal, si les* „ *premières recherches n'avoient pas réussi*, RECOMMENÇANT TOUJOURS „ JUSQU'A CE QUE LES ERREURS FUSSENT DÉCOUVERTES „ (!!!!) (*)

Que l'on compare ces opérations longues, pénibles, compliquées et incertaines, avec les opérations courtes, faciles, claires et certaines de la nouvelle Méthode! Si ce texte décourageant avoit besoin de commentaire, on le trouveroit dans le seul parallèle que fait M. JONES, de sa Méthode avec celles que, faute d'autres, on a employées jusqu'à ce jour. Les défauts

(*) Voyez *La Tenue des Livres*, par DÉGRANGE, pag. 127 et 128.

des routines adoptées pour la Tenue des Livres sont si généralement sentis par tous les esprits justes, qu'il est inutile d'accumuler les citations, pour prouver que, de l'aveu même des personnes qui ont écrit sur cette partie, ce n'est qu'en tremblant qu'on doit compter sur le résultat d'une balance générale; puisque rien n'indique que tous les articles du Journal soient rapportés au grand Livre, ni que dans celui-ci on n'ait pas, en contre-passant, altéré quelques comptes, pour faire balancer.

Grâce à la *Nouvelle Méthode simplifiée* que nous publions, cette perplexité va cesser; on ne *recommencera* plus deux fois à pointer les Livres; les erreurs, s'il en existe, se découvriront et se corrigeront dès la première fois, sans qu'il soit possible qu'elles échappent. A la désolante incertitude qui accompagne maintenant le travail d'un Teneur de Livres, succédera l'assurance que doit inspirer une Méthode sûre, claire, simple et facile, à l'aide de laquelle on peut à chaque instant se convaincre si l'on s'est trompé, et découvrir à quel endroit est l'erreur; une Méthode enfin par laquelle on se démontre rigoureusement que, *s'il ne se manifeste aucune erreur, c'est qu'il n'en existe aucune.*

DÉDICACE

A MESSIEURS

D. GILES, Gouverneur de la Banque d'Angleterre.

J. REED.	— PRESTWIDGE.
Ja. PARKINSON.	G. G. STONESTREET.
Al. CHAMPION.	J. MALLARD.
Geo. WARD.	J. NOBLE.
Rob. PEEL.	J. HARVEY.
Ja. BOLLAND,	Math. WRIGHT.
Rob. BARNEWELL.	J. WILCOX.
— BOLLAND.	

MESSIEURS,

C'est avec un plaisir bien sensible, que je saisis cette occasion de déclarer publiquement, que c'est à l'accueil distingué que vous avez fait à ma *Nouvelle Méthode simplifiée de la Tenue des Livres*, que je dois son succès extraordinaire.

Sans votre sanction, ce Traité auroit pu rester long-temps oublié. Mais un examen scrupuleux Vous ayant convaincus de sa supériorité sur ceux qui l'ont précédé, les Certificats que Vous m'en avez donnés m'ont gagné la confiance publique ; et l'empressement général à se procurer l'ouvrage, annonce qu'on est persuadé que l'adoption de ma Méthode sera d'un avantage réel à toutes les classes de Commerçans. Vous ne devez donc pas douter de ma reconnoissance; et, en Vous dédiant ce Livre, je ne m'acquitte que bien foiblement de ce que je vous dois ; cependant j'espère que Vous l'accepterez comme une marque de la gratitude, du respect et de l'estime avec lesquels j'ai l'honneur d'être,

MESSIEURS,

Votre très-obligé,

et très-obéissant Serviteur

E. T. JONES.

CERTIFICATS

En faveur de la *Nouvelle Méthode simplifiée* de tenir les Livres.

Certificat du Gouverneur et des Directeurs de la Banque d'Angleterre.

Londres, 26 Mai 1795.

La simplicité sur laquelle est fondée la *Nouvelle Méthode* de Jones *de tenir les Livres*; la promptitude avec laquelle les comptes peuvent être examinés et balancés; la manière ingénieuse, certaine et cependant simple de découvrir les erreurs ou les omissions, rendent cet ouvrage une découverte précieuse pour toutes les personnes intéressées dans le Commerce.

D. GILES.
Ja. REED et J. PARKINSON.
Al. CHAMPION.
Geo. WARD.
Rob. PEEL.
Ja. BOLLAND.
Rob. BARNEWELL.
BOLLAND et PRESTWIDGE.
G. G. STONESTREET.

Certificat des Directeurs de la Banque de Bristol.

Bristol, 28 Avril 1795.

Nous avons examiné la *Nouvelle Méthode simplifiée de la Tenue des Livres*, par E. T. Jones, et nous prenons la liberté de la recommander aux Négocians et aux Marchands en général, comme offrant pour tenir les Livres un plus grand degré d'exactitude qu'aucune Méthode connue, et une manière plus courte et moins embarrassante de découvrir les erreurs; son utilité générale doit donc être évidente.

J. MALLARD.
J. NOBLE.
Ja. HARVEY.
Math. WRIGHT.
J. WILCOX.

PERMISSION

De faire usage de la Nouvelle Méthode de E. T. JONES, pour tenir les Livres.

Je soussigné Edward Thomas JONES, de la ville de Bristol, déclare par ces Présentes, qu'étant l'Inventeur de la *Nouvelle Méthode de tenir les Livres de Comptes*, d'après un principe fixe et invariable, par lequel on prévient ou découvre tout ce qui pourroit être mal à propos ajouté ou omis dans le cours des opérations commerciales ; Méthode, dont la propriété m'est assurée par Brevet d'Invention, qui défend à quelque personne que ce soit, d'en faire usage sans mon autorisation ; en vertu dudit Brevet, et moyennant la somme d'une guinée, que je reconnois avoir reçue, j'autorise N. N. à s'en servir, telle qu'elle est exposée et développée dans le présent ouvrage, pour tenir les Livres de son commerce.

E. T. JONES.

BRISTOL, 30 Janvier 1796.

NOUVELLE MÉTHODE
SIMPLIFIÉE
DE LA TENUE DES LIVRES.

INTRODUCTION.

C'est toujours le sort des nouvelles inventions, de trouver de l'opposition, jusqu'à ce que leur utilité ait été prouvée par l'expérience; et, par un malheur attaché à tous les efforts qu'on fait pour augmenter nos connaissances, les hommes ne peuvent qu'avec la plus grande difficulté se déterminer à devier des routines auxquelles ils ont été habitués; ils finissent, au contraire, par s'y attacher, au point de croire qu'aucune invention nouvelle ne peut les surpasser; l'antiquité et l'usage général sont regardés comme des raisons suffisantes pour faire rejeter même l'examen d'une amélioration. Mais certes, l'antiquité ne peut justifier la continuation d'une méthode fondée sur l'erreur; ni son usage être perpétuel, parce qu'il est généralement adopté.

Cependant l'utilité d'une invention nouvelle, ou d'une amélioration dans les Arts et les Sciences, doit être mise à l'abri de toute contradiction, avant de la présenter à la censure du Public. Plein de cette idée, et persuadé que mon ouvrage pourroit supporter l'examen le plus scrupuleux, je n'ai pas balancé à le soumettre à des personnes qui font autorité en fait de commerce; leur approbation m'est un sûr garant de celle du Public.

Le nombre étonnant des différens traités qui ont été publiés sur l'art de tenir les Livres, les banqueroutes sans nombre, les disputes, les procès, etc., qui ont été produits par de fausses entrées, des erreurs, et l'obscurité des comptes; l'incommodité, la perplexité et le travail pénible que cause dans un comptoir le balancement des Livres, sont des preuves évidentes qu'une méthode propre à prévenir ces inconvéniens étoit encore à trouver. Celle qu'on propose ici remplira pleinement cet objet. Il ne faut que jeter les yeux sur les tableaux pour s'en convaincre.

Les témoignages honorables que m'ont donnés, en faveur de cet ouvrage, le gouverneur de la banque d'Angleterre, et quinze autres personnes des plus respectables de Londres, ont attiré l'attention des chefs des premières maisons de commerce dont l'Angleterre puisse se glorifier. Convaincus par expérience qu'un perfectionnement dans l'art de tenir les Livres étoit fort à desirer, ils n'ont point balancé à donner leur sanction à cet ouvrage; aussi n'a-t-on peut-être jamais présenté au Public une invention d'une

B

utilité plus étendue, plus avantageuse pour toutes les classes de commerçans, par la facilité avec laquelle elle dévoile la fraude et l'imposture dans les comptes, et qui soit en même temps recommandée d'une manière plus respectable.

Je vais rapporter, en peu de mots, les causes qui m'ont engagé à chercher une méthode de tenir les Livres plus sûre et plus expéditive que celle qui est maintenant en usage. Elevé pour cette partie, j'eus l'avantage de passer plusieurs années dans le comptoir d'un négociant des plus intelligens; nombre de Livres de comptes me passèrent sous les yeux; je voyois fréquemment des liquidations disputées, des procès, des revisions judiciaires, et enfin des banqueroutes occasionnées par des Livres mal tenus, et par le défaut de règle certaine pour corriger les erreurs; soit que la méthode adoptée fût en partie simple, soit qu'elle fût en partie double. Mais entre autres, j'eus occasion de voir des Livres qui avoient servi dans le même négoce, à quatre sociétés successivement, sans qu'ils eussent jamais été balancés, ni les comptes de chaque société arrêtés! Dans le fait, les associés n'y entendoient rien, et l'homme dans lequel ils plaçoient leur confiance les trompoit. La conséquence fut, que, la quatrième société dissoute, et les Livres balancés, la maison, sans s'en douter, se trouva insolvable! Depuis ce moment, je me déterminai à chercher un moyen d'éviter de pareils accidens; et certain qu'il devoit en exister un, je pris la résolution de ne point abandonner la tâche que je m'étois imposée, sans pouvoir offrir aux commerçans, une méthode sûre et facile de connoître leur situation avec leurs correspondans. Je crois avoir réussi au delà de mes espérances, quoique j'aie consumé plus de cinq années en essais pénibles et infructueux. Prévenu depuis long-temps en faveur de la partie double, je tentai d'abord de former mon plan d'après les idées reçues; mais, à mon grand étonnement, tous mes travaux servirent seulement à me convaincre que le système en entier portoit à faux, et ne pouvoit être déduit d'aucun principe certain. Alors je résolus d'abandonner toutes ces formes routinières, et je m'attachai à découvrir un fondement solide et neuf, sur lequel je pusse élever un édifice, non-seulement sûr et durable, mais dont la commodité et les avantages réunissent encore tous les suffrages. En cela, j'ose me flatter d'avoir également réussi; mais je remets à le prouver dans un moment.

Les inconvéniens que j'ai présentés comme inséparables des méthodes actuelles de tenir les Livres, auront sans doute été observés par tous ceux qui ont étudié cette partie; car je ne me prétends point doué d'une intelligence exclusive ou supérieure à celle des autres hommes; mais, si tous apperçoivent et observent le mal dont ils ont quelquefois été les victimes, il en est peu qui s'attachent opiniâtrement à y trouver un remède; et le travail fastidieux et pénible du comptoir, engage l'homme qui y est condamné, à employer ses courts momens de loisir, à la récréation plutôt qu'à l'étude. Je ne sais pas ce que les efforts des autres auroient pu produire; mais il est certain que, depuis l'invention de la méthode italienne, rien de neuf et de praticable n'a été offert au commerce jusqu'à ma *Nouvelle Méthode simplifiée.*

D'après ces considérations, qu'il me soit permis de faire un court examen des anciennes méthodes; la comparaison montrera la supériorité de la mienne, mieux que tous les raisonnemens que je pourrois employer. Car, quoique le grand nombre d'années qui s'est écoulé depuis que les anciennes formes de Livres de comptes sont en usage, établisse nécessairement une forte prévention en leur faveur ; cependant, comme il est démontré que des erreurs sans nombre peuvent se glisser, sans être apperçues, dans les Livres les mieux tenus par ces méthodes, et que l'espoir de les découvrir demande toujours un travail fort long, suivi d'un succès toujours très-incertain, je ne doute pas que le préjugé ne cède à la raison, et que ma méthode, quoique nouvelle, ne soit universellement adoptée, si je prouve, en les comparant, qu'elle est préférable à celles qui l'ont précédée.

EXAMEN DES DIFFÉRENTES MÉTHODES DE TENIR LES LIVRES.

La tenue des Livres en partie simple est aisée et facile à entendre. Elle consiste seulement à écrire dans le Journal, de la manière la plus concise et la plus intelligible, toutes les affaires de la journée; de là, leur montant est rapporté au grand Livre, au débit ou au crédit des personnes avec lesquelles on a traité.

Mais si dix francs dans le Journal sont portés comme dix centimes dans le grand Livre ; ou si mille francs ne sont marqués que cent francs ; ou enfin, si des erreurs plus ou moins considérables vous échappent ; un fait certain, c'est qu'elles *peuvent* ne pas être découvertes ; comme nous allons le voir plus amplement, en examinant ce qu'on appelle *pointer*.

La manière la plus ordinaire de pointer les Livres en partie simple, est qu'une personne lise les articles du Journal, tandis qu'une seconde examine les comptes du grand Livre auxquels ces articles appartiennent, afin de s'assurer s'ils ont été fidèlement rapportés, et donne dans le même temps son assentiment en prononçant *juste*, ou quelque autre mot semblable; mais il est très-ordinaire que, par une fréquente répétition du même mot, la langue acquière l'aptitude à dire *juste*, avant que les yeux aient pu s'assurer qu'il n'y avoit pas d'erreur ; l'esprit finissant par se distraire au plus léger sujet, par la fatigue ou par une aversion naturelle pour une occupation si fastidieuse.

Une fois l'année, la plupart des personnes dans le commerce font faire un état de situation de leurs affaires, en réunissant les balances de chacun des comptes du grand Livre. Une seconde, et quelquefois une troisième et une quatrième personne se met ensuite à examiner ce qu'une première a fait ; or, il arrive très-fréquemment qu'elles obtiennent toutes un résultat différent ; alors on abandonne le travail sans atteindre le but proposé, parce qu'il est *impossible* de prouver d'une manière certaine si les comptes sont corrects ou non. On ne peut donc pas compter sur cette manière de tenir les Livres.

Mais des deux méthodes, celle en partie simple demande dans un certain sens la préférence ; car celle en partie double étant plus compliquée et plus obscure, prête d'autant mieux à la fraude, et, plus que l'autre, peut servir de passe-port à des comptes impudemment faux, et fabriqués par une industrieuse mauvaise foi. Un homme peut tromper son associé, ou un teneur de Livres celui qui l'emploie, sans que jamais ils puissent être convaincus de fraude; autrement d'où proviendroient ces changemens de fortune si opposés dans des associés de la même maison ? L'homme riche devient *pauvre* et le pauvre devient *riche* ! Des co-associés paroissent insolvables ; un d'eux, dont la fortune avoit supporté la maison, est presque réduit à l'indigence ; tandis que l'autre, qui originairement n'avoit rien, et qui, étant insolvable, ne devroit pas avoir davantage, fait une pompeuse figure dans le monde, recommence de suite *les affaires*, et trouve un capital suffisant pour faire un commerce étendu ! Il est possible de trouver des raisons plausibles pour une telle conduite ; mais un changement si soudain laisse toujours des doutes sur l'intégrité de la personne qui l'éprouve.

Ce qui caractérise la *partie double*, c'est que toute somme portée au *débit* d'un compte personnel, doit se retrouver au *crédit* de quelqu'autre compte personnel ou nominal, et *vice versâ*. Cette somme se rapporte ensuite aux comptes du grand Livre, auxquels elle appartient.

Tous les ans, et plus souvent dans quelques comptoirs, on fait une balance pour s'assurer si les articles du Journal ont été exactement rapportés ; cette opération consiste à prendre les soldes de chacun des comptes du grand Livre ; et, si les balances de chaque côté correspondent, on conclut que les Livres sont justes, et l'examen s'arrête là. Cependant un associé ou le commis préposé, peut avoir diminué le débit, ou augmenté le crédit de son propre compte, ou de tout autre dans le grand Livre, même avoir altéré quelque compte nominal, afin de faire paroître les Livres corrects, ou afin de contre-passer des erreurs commises en rapportant ?

Par cette méthode de tenir les Livres, il est toujours au pouvoir d'hommes adroits de faire qu'un commerce profitable paroisse ruineux, afin d'engager leurs associés à se retirer ; ou de montrer l'apparence de bénéfice lorsqu'il n'y a que des pertes, s'ils veulent amener quelqu'un à prendre leur place, ou enfin, dans quelque vue sinistre, ils peuvent tromper leurs associés par de faux états de situation, jusqu'à ce qu'ils les aient complétement ruinés ? Dans le cours de mes travaux, j'ai vu des Livres de diverses sociétés dans lesquels cette marche avoit été suivie.

Il arrive fréquemment que des Livres tenus en partie double ne balancent pas ; et plusieurs mois, chaque année, sont employés dans quelques comptoirs à en découvrir la cause. J'en ai vu qu'on avoit examinés sept ou huit fois avant de pouvoir les faire balancer ; d'autres qui servoient depuis vingt ans et n'avoient jamais été balancés, quoiqu'on eût apporté la plus grande attention à les faire corrects.

La méthode en partie double est généralement si compliquée, que plusieurs de ceux qui tiennent des Livres sont souvent arrêtés au milieu de leur travail, sans pouvoir rendre raison de ce qu'ils ont fait, ni de ce qu'il leur reste à faire. Et il arrive fréquemment, que des gens font un commerce très-étendu, sans connoître leur situation par leurs Livres, n'ayant jamais su comment les tenir. A quoi peut-on attribuer cela, si ce n'est à la complication des *anciennes méthodes*, qui les rend si difficiles à entendre et à pratiquer.

En supposant qu'un failli soit malhonnête, au lieu d'être malheureux, et qu'il ait fait tenir ses Livres en partie double, quel moyen pour couvrir la fraude, que leur *apparente* régularité, sur-tout si on les présente tout balancés à l'assemblée des créanciers! Cela est arrivé, mais ne se répète pas fréquemment; et en conséquence, si les Livres d'un failli paroissent avoir été régulièrement tenus et balancés, il a certainement droit à la confiance de ses créanciers, et doit être considéré comme un honnête homme, à moins qu'il ne puisse rendre compte de ses pertes. Mais, en général, les Livres des personnes dans ce cas sont dans une telle confusion, que les créanciers n'en peuvent tirer aucune lumière, et sont obligés de s'en rapporter aux bilans qu'on leur présente; et je n'hésite pas à dire, que les créanciers sont souvent trompés de cette manière.

Je pourrois faire voir, par une foule d'autres exemples, qu'on ne doit en aucune manière se fier aux méthodes actuelles de tenir les Livres; mais je ne doute pas que les exemples que je viens de rapporter, ne suffisent pour convaincre toute personne de bonne foi, qu'une méthode qui préviendroit tous ces maux est fort à desirer, et seroit d'un avantage inappréciable pour le commerce. Or, prouver que mon procédé atteint parfaitement ce but et peut répondre à toutes les vues d'un négociant intègre, est une chose qui me sera facile, en comparant les anciennes méthodes avec la mienne.

COMPARAISON DES TROIS MÉTHODES.

Anciennes Méthodes.

La partie simple n'est point compliquée, la partie double l'est beaucoup; l'une et l'autre sont sujettes à des *erreurs*, et sans règle *certaine* pour les découvrir. Ces méthodes ne vous permettent pas de présenter sous un seul point de vue la situation de vos affaires; et c'est pour acquérir cette connoissance, que les Livres devroient donner, qu'on fait un extrait du grand Livre: c'est-à-dire, le solde de chaque compte est porté dans un tableau de vos affaires, et, faux ou juste, vous êtes obligés de vous en contenter. Cependant cet extrait ou tableau peut, par des *additions* ou des *omissions*, servir à montrer tout ce qu'on voudra, et sans possibilité de démasquer la fraude, à moins que chaque article des Livres ne soit examiné, et même

Nouvelle Méthode.

La manière de procéder par ma Méthode est parfaitement simple et concise. Elle fait connoître tout ce qu'on peut desirer savoir, en permettant toujours de voir d'un coup d'œil la situation totale du commerce le plus étendu, sans avoir besoin d'aucune feuille de balance, de redressement, extrait, etc., ni d'aucun autre compte, que ceux contenus dans le grand Livre même. Elle demande *moins de travail* qu'aucune des Méthodes en usage, et jouit de cet avantage sur elles, c'est qu'il est impossible que la moindre erreur ne soit pas découverte.

Anciennes Méthodes.

alors, les erreurs et les articles *faits exprès pour tromper* peuvent échapper. Vous n'avez donc aucun moyen certain de prouver que vos Livres sont exacts, ou de vous assurer si la feuille des balances est correcte ou non.

En partie simple, les Livres peuvent être rapportés tous les jours; en partie double, ils ne le peuvent pas; et la balance, par l'une et l'autre méthode, est si incommode à faire, que dans quelques comptoirs on ne la fait pas du tout; que dans d'autres on ne la fait qu'une fois l'an, ou tout au plus deux fois; on ne procède à cette balance qu'avec beaucoup de temps, d'incertitude et de perplexité; et on ne peut y employer que des hommes réfléchis, assidus, et bons calculateurs.

Les faillis, quoiqu'ils puissent être honnêtes gens, sont en général mauvais calculateurs, et en conséquence jouent toujours un fort vilain rôle lorsqu'ils assemblent leurs créanciers; parce que leurs Livres, même étant à jour et corrects, ne présentent point d'un coup d'œil les résultats qu'on cherche dans ces momens; et d'après leur situation d'esprit et leur défaut de connoissances, ils ne peuvent offrir un bilan convenable et satisfaisant; et par là, encourent la censure qui ne devroit tomber que sur des hommes malhonnêtes. Je crains même que beaucoup de gens ne se fassent une excuse de leur ignorance de l'art de tenir les Livres, pour couvrir leur prétendue insolvabilité; et que, par d'adroites inventions, non seulement ils n'échappent à la sévérité qu'ils méritoient d'essuyer, mais ne se prévalent de lois salutaires destinées à protéger l'honnête homme seulement. Dans les formes actuelles, il est véritablement impossible de tirer la ligne de démarcation entre l'homme honnête et celui qui ne l'est pas; car

Nouvelle Méthode.

Les Livres, par ma Méthode, peuvent être constamment à jour, et balancés tous les *mois* ou plus *souvent*, sans la moindre incommodité; et avec la certitude que, lorsqu'ils sont balancés, les comptes sont inévitablement corrects. Car les Livres ne peuvent être complétement rapportés, sans être balancés, ni balancés tant qu'une erreur, même la plus légère, existe.

Quelques heures suffisent au commerçant malheureux pour produire à ses créanciers ses Livres balancés par mon moyen, et les créanciers sont certains qu'ils ne peuvent être trompés par un faux bilan; car il est *impossible*, sur des Livres tenus d'après mon plan, de former un faux bilan, sans que la fraude ne soit immédiatement découverte. Et il seroit futile qu'une personne vînt donner en excuse de ses mauvaises affaires, son ignorance de la tenue des Livres; car tout homme, qui possède assez d'intelligence pour faire un bordereau, peut en une heure ou deux acquérir une connoissance si complète de ma Nouvelle Méthode simplifiée, qu'il sera en état de tenir ses Livres, ou au moins de juger s'ils sont convenablement tenus par la personne préposée. Alors les créanciers ne seront plus dans le cas de confondre l'homme malheureux avec l'homme de mauvaise foi.

Anciennes Méthodes.

les créanciers n'ont aucun moyen sûr de savoir s'ils sont ou ne sont pas trompés.

Dans les écoles même spéciales, la manière actuelle de tenir les Livres est rarement enseignée avec succès ; et peu de personnes dans les comptoirs possèdent une connoissance parfaite de cette partie.

On se récrie sur le mérite de la tenue des Livres en partie double, parce qu'en balançant, on peut s'apercevoir s'il existe des erreurs ; mais cependant les Livres peuvent se balancer par cette méthode, lorsque les erreurs de chaque côté sont du même montant, ou on peut les faire balancer lorsqu'ils sont remplis d'erreurs ; ou, ce qui est encore pis, un associé ou un commis peut diminuer le débit de son compte, d'un compte quelconque dans le grand Livre ; puis opérer de même sur le crédit de quelque compte nominal dans la feuille ou cahier de balance ; alors les Livres paroîtront balancer avec la plus scrupuleuse exactitude ; et non-seulement on ne peut être certain qu'ils sont justes lorsqu'ils balancent, mais même le plus exercé teneur de Livres n'a point de règle sûre pour dévoiler les erreurs. Des Livres tenus par cette méthode, ne méritent donc aucune confiance jusqu'à ce que chaque article ait été soumis à l'examen. Mais alors, le laps de temps qu'une pareille opération demanderoit, la fait négliger par les personnes les plus intéressées ; et quand même on en prendroit l'habitude dans chaque comptoir, il seroit encore possible, principalement dans un commerce étendu, de passer de faux articles de manière à ce que, même en pointant de nouveau, on ne pût pas les découvrir. Il n'y a qu'un moyen de les reconnoître ; et il est dans ma Méthode.

Nouvelle Méthode.

Ma Méthode est si simple, qu'elle est à la portée d'un écolier ; et j'indiquerai une manière de l'enseigner, qui, si elle est adoptée, ne peut produire qu'un succès assuré. Et certainement, il est aussi nécessaire d'apprendre à tenir les Livres qu'à lire, écrire et calculer.

La grande confiance que les gens d'affaires sont obligés d'avoir en leurs Livres, demande une Méthode sur l'exactitude de laquelle on puisse invariablement compter, et d'une précision telle, que la plus légère erreur soit découverte et redressée. *Ma Méthode remplit pleinement cet objet* ; et, si quelquefois on croit nécessaire d'examiner des Livres tenus d'après ce plan, *mille articles rapportés* peuvent être facilement *pointés* en *une heure* de temps par une *seule personne*, sans la moindre assistance, et sans la possibilité de laisser passer une erreur de la plus modique somme ; car j'ai examiné *cent articles d'un grand Livre en moins de cinq minutes*. Personne, en conséquence, n'est excusable de ne pas repasser ses Livres ; et il est digne de remarque, que la manière simple et facile dont un négociant peut s'assurer de ses profits ou de ses pertes, *détruit la possibilité* que l'homme le plus adroit puisse tromper son associé, s'il possède seulement le sens commun.

Pour vous qui avez été trompés, ou qui craignez de l'être, soit par la négligence, l'ignorance ou l'intention des personnes auxquelles la nécessité vous oblige de donner votre confiance, il est inutile d'en dire davantage pour déterminer votre choix entre une Méthode incertaine et accompagnée de beaucoup de travail et d'embarras, et la Méthode facile et sûre que j'ai inventée. Car, quoiqu'aucune invention humaine ne puisse être à l'abri de la possibilité de l'erreur, toujours est-il qu'on doit donner la préférence à un plan d'opération qui découvrira inévitablement même la plus légère, et indiquera facilement l'endroit où elle se trouve. Il peut y avoir cependant des personnes qui, sans égard pour ce que j'ai dit, resteront attachées à l'ancienne Méthode; sans mettre leur talent en question, et même tout en leur accordant la prééminence dans leur profession, je dois néanmoins insister sur la supériorité de la Nouvelle Méthode simplifiée; car, quelqu'instruit que vous supposiez un teneur de Livres, comme il ne peut pas prétendre à l'infaillibilité, il est nécessairement exposé aux inconvéniens auxquels les anciennes Méthodes sont sujettes par leur nature.

Je soumets donc ma Méthode aux Banquiers, Négocians, Marchands, etc., ou à leurs teneurs de Livres, comme également utile et capable de les satisfaire. Ils ne pourront en faire usage sans avoir une preuve convaincante de la certitude des états de situation qu'ils auront à présenter; elle épargnera au teneur de Livres, beaucoup d'heures pénibles, passées à examiner et à balancer ses Livres, et empêchera qu'on ne le soupçonne de manquer d'exactitude ou de probité. S'il faut en dire davantage en faveur de ma découverte, je m'adresserai à ceux qui sont exacts dans leurs comptes et emploient les anciennes Méthodes par habitude ou par attachement. Quelques-uns d'entre vous ont adopté la Méthode en partie simple, comme moins compliquée que celle en partie double. Mais n'observez-vous pas que, quoique vous ayez choisi la plus simple des deux, vous êtes journellement exposés à souffrir d'une erreur, ou à être trompés par des fraudes, sans qu'il vous soit possible d'empêcher l'effet de ces maux alarmans? Certes, ce n'est pas peu de chose d'abandonner votre fortune à un tel état d'incertitude; et je suis persuadé que vous devez très-fréquemment vous trouver dans des situations pénibles, faute de pouvoir, d'une *manière positive*, *vous assurer si vos Livres sont exacts ou non.*

La Méthode que je vous prie maintenant d'examiner, et qui m'a coûté beaucoup de travail, remédiera de la manière la plus complète à tous les inconvéniens dont vous avez à vous plaindre. Si vous préférez la tenue en partie simple, vous pouvez sans inconvénient y rester attachés, mais que ce soit d'après mon plan; quelques légers changemens à faire dans votre manière de passer les articles au Journal est tout ce qu'il demande; sans qu'il soit besoin d'ouvrir un seul compte de plus, ni d'avoir un troisième Livre de quelqu'espèce que ce soit.

En adoptant ma Méthode, vous pourrez rapporter vos Livres tous les jours, et les balancer aussi souvent qu'il vous plaira; c'est-à-dire, vous pourrez vous assurer d'une manière certaine, et avec une promptitude inconnue jusqu'à ce jour, si vos Livres sont exactement rapportés, et s'ils ne le sont pas, où se trouve l'erreur. L'examen fini, vous

vous aurez une connoissance de l'état de vos affaires aussi entière que vos comptes puissent vous la donner.

Qu'il me soit permis de faire encore quelques observations aux commerçans qui pourroient rester attachés aux anciennes Méthodes. Sur quel fondement, leur demanderai-je, repose votre prédilection pour elles? Je sais que la réponse sera que, par elles, vous pouvez balancer vos Livres une ou deux fois l'an; vous assurer s'ils sont rapportés exactement ou non, et connoître avec certitude la situation de vos affaires. Mais cette réponse ne supportera pas l'examen, quoique pour l'appuyer on puisse ajouter la phrase ordinaire : *que pour chaque débit il faut qu'il y ait un crédit ; et que pour chaque crédit il faut qu'il y ait un débit.* Hélas! combien peu de vous considèrent que, s'*il faut* que ce soit ainsi, et que si c'est-là la règle prescrite, rien n'est plus aisé que de donner à des Livres l'apparence de l'exactitude, lors même qu'ils sont remplis d'erreurs ou de faux articles passés exprès pour tromper!

Mais, en supposant que chaque article soit en règle, et que vos Livres soient exacts, lorsque vous trouvez qu'ils balancent, combien d'embarras, de difficultés et de travail ne faut-il pas pour parvenir à cette balance dans les comptoirs où ces méthodes sont employées, même en supposant qu'on ait mis à rapporter le plus grand soin et l'attention la plus scrupuleuse?

Balancer des Livres du premier coup, paroît une chose merveilleuse et dont on parle avec étonnement; et la personne, qui le fait deux ou trois années de suite, est regardée comme possédant une portion d'infaillibilité; on lui permet de se vanter hautement d'un tel exploit jusqu'à la fin de ses jours; mais dans combien peu de comptoirs ceci est arrivé!

La longueur du temps que prend généralement la balance des Livres, et l'incertitude inséparable de chaque partie de cette opération, doivent rendre tout moyen de perfectionnement, qui remédieroit à ces maux, d'un prix inestimable pour le commerçant. Il est certain qu'il n'existe point en Angleterre de maison de commerce où les Livres soient balancés le jour qui finit l'année ou la demi-année; peut-être n'y en a-t-il pas cinq où ils soient balancés le jour suivant, ni cent où ils soient balancés dans la semaine, ni cinq cents enfin où ils soient balancés dans le courant du mois suivant. Et combien de fois n'arrive-t-il pas, même dans des comptoirs réputés en règle, que cette opération très-importante ne peut s'effectuer en six mois! Certes, ceci est un grand mal, et on doit voir avec plaisir qu'on y a découvert un remède. Mais vous dites que vous êtes attachés à la partie double; soit, je ne vous demande pas de l'abandonner; vos Livres peuvent continuer à être tenus de cette sorte, pourvu que ce soit selon ma Méthode; elle ne nécessite aucun état de situation, ni que vous ouvriez aucun compte de plus ou de moins dans le grand Livre, que vous ne le faites maintenant, depuis un bout de l'année jusqu'à l'autre. Cependant il y a un changement; mais il est clair et simple, et possède les avantages suivans : 1°. *Il réduit le travail ;* 2°. *il permet de rapporter les Livres chaque jour ;* 3°. *de les balancer aussi fréquemment que vous le jugerez convenable ;* 4°. *de*

C

ne pouvoir ajouter ni omettre telle somme que ce soit, même une fraction de centime, qu'on ne s'en apperçoive inévitablement; car on ne peut finir de rapporter, ni de balancer les Livres, tant qu'il y a quelque chose de mal à propos omis ou ajouté, soit de l'un ou de l'autre côté, soit des deux à la fois, de montant égal ou inégal; et, si on recherche l'erreur avec attention, on ne peut pas, quelque nombreux que soient les comptes, rester un jour sans la découvrir.

L'opération de balancer, aussi bien que de tenir les Livres par ma Méthode, est simplifiée jusqu'à la portée d'un écolier, et tellement expéditive, que, dans quatre-vingt-dix-neuf comptoirs sur cent, les Livres peuvent être balancés *en deux ou trois heures;* et dans quelque maison de commerce que ce soit, il ne sera jamais nécessaire de renvoyer au lendemain. Cette opération, quoique faite avec tant de diligence, l'est néanmoins avec un degré d'exactitude si évident, que, *quand un grand Livre contiendroit mille folios, et dix comptes ou même plus sur chaque folio, il est impossible de se tromper dans la balance d'un seul;* et que, lorsque les balances de tous les comptes du grand Livre sont additionnées, l'ouvrage est achevé et ne demande pas le moindre examen ultérieur. Quelle satisfaction n'est-ce pas pour un négociant, d'arriver par un procédé si simple et en même temps si sûr, à un résultat de la certitude duquel il ne peut jamais douter, sur-tout quand il pense quelle pénible incertitude et quelle perplexité accompagnent la manière actuelle de balancer, et quelle longueur de temps il faut employer dans l'examen des Livres, s'ils paroissent inexacts?

Ayant exposé les avantages de ma Méthode, autant qu'il est nécessaire dans cette introduction; ayant démontré les inconvéniens de l'ancien procédé pour tenir les Livres, la supériorité et l'utilité comparative de celui que je propose, il me reste à prier qu'on me juge avec attention et sans partialité.

Je ne puis cependant pas finir sans parler d'une remarque qui a été faite sur le tort que vraisemblablement ma Méthode occasionnera aux personnes employées comme teneurs de Livres, dans les maisons de commerce et de banque. Si cela étoit, je pourrois peut-être, en faveur d'un bien général, entreprendre de justifier un mal particulier; mais je n'en suis pas réduit à cette désagréable nécessité. L'effet prouvera que cette crainte est mal fondée; l'occupation du teneur de Livres reste la même; son ouvrage est seulement débarrassé de ce qui le rendoit une tâche pénible et fastidieuse.

Les teneurs de Livres ne peuvent pas se dissimuler le travail effrayant auquel ils sont assujettis pour examiner et balancer les Livres tenus d'après l'ancienne Méthode; et ils savent très-bien que, malgré tout leur soin, leur attention et leur régularité, ils se trouvent en général dans l'impossibilité de présenter leurs Livres exacts à la fin de l'année, et quelquefois plusieurs mois après.

Lorsque, l'esprit en suspens sur le succès de leur travail d'une année, ils sont parvenus à rassembler sur une feuille de papier les balances de tous les comptes, et que, l'addition faite, ils s'apperçoivent en pâlissant que le montant des crédits n'égale pas celui des débits, combien leur situation ne devient-elle pas pénible! ils examinent les balances, mais inutilement ; ils s'imaginent voir de la confusion à chaque feuillet, et leur esprit est à la torture, parce qu'ils ne peuvent pas découvrir où l'erreur est cachée. Quelques comptes particuliers alors attirent leur attention, ils les repassent ; et, après quelques heures péniblement employées dans une recherche inutile, ils se trouvent dans le même état d'incertitude où ils étoient avant de commencer. Examiner article par article tout ce qui s'est fait dans les douze mois qui viennent de s'écouler, se présente pour dernière ressource à leur imagination sous un aspect formidable; cependant il ne faut rien moins que cette opération, et malheureusement encore *elle peut être faite en vain.* En même temps ils ne voient que le mécontentement peint sur la figure de ceux qui les emploient; et ils ne doivent pas s'attendre à autre chose, tant qu'un négociant ne pourra pas connoître la situation de ses affaires.

Un procédé qui préviendroit toutes ces difficultés, seroit certainement une découverte précieuse et digne de l'attention des commerçans ; ma Méthode leur présente cet avantage. Qu'ils ne souffrent donc pas que le préjugé s'oppose à leur intérêt ; qu'ils la lisent sans partialité; je la soumets à leur jugement. Sa simplicité et son exactitude sont démontrées ; je les prie de l'examiner sans prévention; et je suis persuadé qu'au lieu d'être critiquée, elle recevra leur entière approbation.

EXPOSITION

DE

LA NOUVELLE MÉTHODE.

OBSERVATIONS PRÉLIMINAIRES.

IL pourra paroître superflu aux hommes versés dans l'Art de tenir les Livres, que j'essaye d'expliquer la Méthode développée dans les tableaux qui vont suivre; cependant, comme je ne dois pas supposer, à toutes les personnes entre les mains desquelles cet ouvrage peut tomber, des connoissances dans cette partie, il est nécessaire que je dise un mot de sa nature et de ses effets. Mais, avant d'entamer cette matière, il ne sera pas hors de propos de rechercher quels sont les principes de l'Art de tenir les Livres; de montrer que les procédés depuis long-temps en usage ne remplissent pas le but proposé; et enfin de prouver que la nouvelle Méthode simplifiée est telle que je l'annonce, c'est-à-dire, propre à découvrir efficacement les erreurs, à indiquer facilement leur place, et à remédier à tous les désavantages attachés aux anciennes Méthodes en partie simple ou double.

L'Art de tenir les Livres est une manière méthodique de rendre compte par écrit des opérations d'un commerçant; au moyen de laquelle il peut s'assurer, non-seulement de l'état du compte de chaque personne avec laquelle il a quelque liaison d'intérêt, mais aussi de la véritable situation de ses propres affaires.

La première chose à observer est d'établir dans un *Journal* un compte exact du capital, ou des fonds avec lesquels on commence les affaires; et ensuite d'y décrire, dans l'ordre qu'elle se termine, chaque opération qui cause un changement dans ce capital, soit par l'achat ou la vente de marchandises, le paiement ou la recette de sommes d'argent, soit par telle autre circonstance qui rend débiteur ou créancier de quelqu'un. Et, comme il ne peut exister d'opération dont le résultat ne doive se porter au crédit ou au débit de quelque personne, il est seulement nécessaire de s'assurer si la somme appartient au débit ou au crédit de celui avec lequel on a traité ; observant scrupuleusement la nature de l'opération, son objet, sa valeur ou son montant, et de la décrire d'une manière simple et exacte dans le Journal, telle enfin, qu'on puisse clairement l'entendre.

Mais, quoique ce Livre soit de la plus grande importance à cause des renseignemens qu'il peut fournir, cependant, s'il étoit seul, on n'en pourroit tirer qu'après beaucoup de travail et d'incertitude, les détails d'un compte particulier, et la situation générale des affaires. Un second Livre de compte devient donc nécessaire, c'est le *grand Livre* ; afin que le commerçant puisse ouvrir un compte à chaque personne de laquelle il achète des marchandises ou reçoit de l'argent, ou à laquelle il vend ou paye ; transcrivant du Journal, et rapportant aux comptes respectifs dans ce grand Livre la date et le montant de chaque opération. Par ce moyen le grand Livre renfermera toujours le contenu du Journal, quoiqu'arrangé dans un ordre différent ; tellement que, non-seulement l'état de chaque compte individuel peut toujours être vu d'un coup d'œil, mais qu'on peut aussi, en ajoutant le montant des marchandises invendues, établir en un moment la situation générale des affaires de la maison, et voir si les spéculations ont donné du profit ou de la perte.

Ayant en peu de mots indiqué l'objet et le procédé de l'Art de tenir les Livres, je vais prouver que les Méthodes maintenant en usage n'atteignent pas le but proposé. La Méthode *en partie simple*, à cause de son peu de complication, réclame en quelque sorte la préférence, et est en conséquence plus généralement adoptée. Mais, pour montrer que cette manière est tout à fait insuffisante, j'établirai seulement une proposition. De toutes les personnes qui tiennent leurs Livres d'après cette Méthode, en est-il une seule qui ait jamais pu connoître par le Journal le montant de toutes ses affaires, débit et crédit ; et s'assurer que toutes les sommes ont été exactement rapportées au grand Livre? Ceci est un point que les commerçans semblent n'avoir jamais attentivement considéré, et cependant on ne peut compter sur rien tant qu'on n'a pas acquis cette certitude. Il est de fait, et on en conviendra généralement, qu'on ne peut parvenir à un semblable résultat par les Méthodes actuelles, que par un procédé incertain, rempli d'inconvéniens, toujours accompagné de la plus grande perplexité, et qui exige un travail presqu'infini. Cette Méthode ne peut donc pas remplir le but que tout négociant doit se proposer.

La certitude est l'ame des affaires ; et peut-on être satisfait lorsqu'on voit par le grand Livre qu'on a gagné 40,000 francs dans l'année, sans qu'on puisse se démontrer à soi-même qu'on n'en a pas gagné 50,000? Si l'on peut parvenir à une telle démonstration, certes le procédé qui la produiroit, devroit être immédiatement adopté par toutes les personnes qui desirent que leurs Livres donnent un état véritable et exact de leurs affaires. Il est inutile, je pense, d'en dire davantage sur ce point.

La Méthode *en partie double*, aussi compliquée qu'obscure dans la plupart des comptoirs, renferme quelque chose de mystérieux même dans son nom ; et certainement on n'a jamais employé de Méthode plus *ingénieusement imaginée*, pour couvrir l'infamie, quoiqu'elle n'ait pas été inventée dans cette intention. Il est véritablement étonnant de voir tous les préjugés réunis en sa faveur, et sur-tout les raisons extravagantes à l'aide desquelles on la défend. Mais, dans quelques années, j'espère qu'il n'en sera plus question ; peu de mots me suffiront, pour prouver à tout lecteur impartial, que la partie double n'est qu'un moyen adroit de couvrir les plus mauvais desseins.

Les principes de cette Méthode sont, que, pour chaque opération de commerce, il doit y avoir un double article; de manière que le crédit et le débit de chaque côté du grand Livre puissent balancer, ou produire le même montant. Mais ceci prouve-t-il, comme il le devroit, que le montant de chaque article du Journal est contenu dans le grand Livre, et que chaque opération est rapportée au compte convenable? Combien peu de personnes considèrent, tandis qu'ils comptent sur leur balance, ou sur ce que les deux côtés du grand Livre sont conformes, qu'il est très-aisé de donner à un grand Livre l'apparence de l'exactitude, lorsque dans le même temps il contient des erreurs ou de faux calculs à chaque page, ou des articles passés dans quelques comptes particuliers exprès pour tromper! Comment des hommes de bon sens peuvent-ils croire que les débits et les crédits d'un grand Livre qui balancent, ou sont de montant égal, soient une preuve qu'il est la représentation fidèle et exacte du Journal ; ce qui, certainement, est le point le plus essentiel en tenant les Livres! Deux portraits qui seroient semblables, prouveroient-ils qu'ils sont une copie exacte de l'original? Si je mettois deux pièces d'or de poids égal dans une balance, seroit-ce une preuve que ce poids seroit légal? Y a-t-il un banquier qui voulût recevoir de l'argent de cette manière? Mais, comme il est absolument nécessaire de balancer les Livres, ne seroit-il pas plus convenable de comparer le montant du grand Livre avec celui du Journal, par une Méthode qui prouveroit si les sommes sont exactement les mêmes ; résultat indispensable pour former une balance parfaite?

J'étois attaché à la partie double autant peut-être qu'aucune personne au monde ; mais je l'eus bientôt abandonnée, lorsque je découvris qu'elle étoit fondée sur des principes erronés ; puisque la seule chose qu'on cherche, est de balancer le grand Livre ; que cependant le montant d'un compte, ou le compte lui-même, peut être altéré en faisant la balance, dans la vue de commettre quelque fraude, ou pour corriger des erreurs, provenant de négligence ou d'incapacité.

Persuadé que ces Méthodes ne pourroient jamais remplir le but qu'on s'étoit proposé en les mettant en pratique, je crus qu'il étoit de mon devoir de chercher un remède, s'il étoit possible ; et je dis, sans crainte d'être démenti, que j'ai complétement réussi à le trouver ; tellement qu'un homme, doué d'un bon sens ordinaire, peut dorénavant, d'une manière simple et concise, décrire les opérations journalières de son commerce, les rapporter dans le grand Livre à leurs comptes respectifs, et avoir la certitude entière que l'ouvrage est fait exactement, puisque, s'il y a une erreur, il la découvrira ; obtenant ainsi, dès l'instant que l'examen est fini, un état de situation de ses affaires.

Et certes, il n'y a point de banquier, de négociant, de manufacturier ou de marchand, qui puisse exiger plus que cela. Qu'il s'agisse de la vente d'une cargaison de sucre ou de coton faite par un négociant, d'un pain de sucre par un épicier, ou d'une pièce d'indienne par un mercier, la manière de passer l'article est la même ; car dans l'un ou l'autre cas, on ne peut que débiter, et débiter le compte des personnes qui ont acheté. Les opérations d'un négociant consistent seulement en débits et crédits à quelques comptes personnels ; et les opérations d'un marchand détaillant sont les mêmes ; la différence est dans la nature de leur commerce ; la même Méthode de tenir les Livres sert donc également aux deux.

Quoique les exemples que j'ai donnés, soient en partie simple, cependant j'ai aussi formé un tableau pour la partie double, d'après le même principe ; de manière qu'aucune objection fondée ne peut être élevée contre ma Méthode, d'autant plus que la forme de ce tableau approche beaucoup de celles maintenant en usage. J'ai en outre dressé un autre tableau, pour établir d'une manière facile la diminution progressive et la valeur du capital en marchandises d'un négociant, manufacturier, ou détaillant ; et pour déterminer chaque mois le profit ou la perte. Ce tableau rend la partie double entièrement inutile ; puisque, si l'on veut connoître le profit ou la perte de quelque article ou de quelque spéculation en particulier, on peut faire usage d'un Livre de compte de vente, distinct du Journal et du grand Livre ; par ce moyen on n'ouvrira que des comptes personnels, et ils suffiront. Le grand Livre alors indiquera, étant rapporté, la différence exacte entre ce qu'une personne doit et ce qui lui est dû ; et sans qu'il soit besoin de faire la balance d'aucun compte particulier. Certes, c'est obtenir une connoissance bien précieuse, par un procédé aussi expéditif que nouveau.

Afin qu'aucun banquier, négociant ou manufacturier ne soit arrêté par la forme toute nouvelle de ma Méthode, ou ne la condamne comme inapplicable à ses affaires, parce que je ne traite pas des articles particuliers qui le concernent ; que chacun écrive quelques-unes de ses opérations suivant ma Méthode, et alors il trouvera que l'exactitude et la certitude qu'elle comporte, sont une excuse suffisante pour la nouveauté de sa forme ; bientôt elle deviendra familière, et prouvera complétement qu'aucune autre qu'elle, n'est nécessaire pour quelque commerce que ce soit. On trouvera que c'est en même temps le moyen le plus court et le plus certain de connoître parfaitement la marche de la Méthode, sur-tout si on lit un peu attentivement l'explication que je vais en donner.

La première chose qui appellera mon attention, sera d'indiquer comment on doit établir dans le Journal, les opérations de commerce dans l'ordre qu'elles se terminent, de manière à être clairement entendu ; je montrerai ensuite quelle Méthode il faut suivre dans l'arrangement simple et exact des sommes dans le grand Livre, afin qu'on puisse rapporter au compte de chaque personne, la date et le montant des opérations pour lesquelles elle doit être débitée ou créditée ; tellement qu'on puisse dire avec assurance :

« Je sais que chaque article pour achat de marchandises ou argent reçu, est exactement rapporté au crédit de son compte respectif; que le montant de tout l'argent que j'ai payé, et de toutes les marchandises que j'ai vendues, est fidèlement rapporté au débit du compte des personnes que cela concerne ; et je puis dans tous les temps, sans faire aucun extrait de mes Livres, présenter l'état de situation de mes affaires sous un seul point de vue, déterminer le profit ou la perte de mon commerce, et prouver démonstrativement que le tout est exact ». Afin d'en venir là, on doit avoir attention à ce que les Livres soient rayés convenablement, et alors il sera impossible d'errer dans l'arrangement des articles d'après ma Méthode, laquelle se réduit à un procédé simple, ainsi qu'on va le voir dans l'explication suivante.

EXPOSITION DE LA MÉTHODE.

Lorqu'un négociant commence les affaires, soit seul, soit avec des associés, il doit s'ouvrir un compte dans le grand Livre ; écrivant d'abord dans le Journal, et ensuite au crédit de son compte, le montant du capital qu'il met dans le commerce. Ce compte peut porter son nom, ou seulement celui de *capital*. En conséquence, si vous avancez des fonds, voyez si vous en êtes crédité, comme A. B. Hardy l'est dans le premier article du modèle du Journal; et le caissier doit être débité du montant. Je dis le *caissier* et non la *caisse*, car le compte de caisse étant un compte personnel d'une très-grande importance, le nom du caissier doit toujours se mentionner dans le grand Livre. Une attention scrupuleuse sur ce point auroit prévenu beaucoup de disputes, dont j'ai été témoin à la dissolution de sociétés; et les créanciers des faillis n'auroient pas si souvent lieu de se plaindre, si cette mesure étoit prescrite par la loi.

Si vous achetez des marchandises, créditez la personne qui vous les a vendues. Lorsque vous vendez, débitez la personne qui vous achète. Si vous comptez de l'argent, débitez la personne à laquelle vous payez, non-seulement pour ce que vous déboursez, mais aussi pour toute espèce d'escompte ou de bonification qu'elle pourroit vous accorder; et donnez crédit au caissier, pour le montant net de ce qu'il a payé. Si vous recevez de l'argent, créditez la personne de laquelle vous recevez, non-seulement pour ce qu'elle paye, mais pour toute espèce d'escompte ou de bonification que vous pourriez lui accorder; et débitez le caissier du montant net de ce qu'il aura reçu. Ayez soin de n'admettre dans ces articles rien de mystérieux ou d'obscur, mais seulement un simple exposé du fait; n'y mettant aucun mot inutile, et évitant tous termes et toutes phrases techniques, excepté les mots *doit* et *avoir*, ou plutôt *débit* et *crédit*, qui sont clairs et précis, et les seuls termes qui soient applicables à chaque opération, et doivent commencer chaque article. Les exemples, que j'ai donnés sur ce point, seront un guide suffisant pour les commençans; et je ne doute point que les personnes d'un talent consommé et de la plus grande expérience, ne trouvent, après un moment de réflexion, qu'aucune autre forme d'article n'est nécessaire. Et, s'il en est ainsi, pourquoi les Livres d'un négociant

négociant ou d'un marchand, seroient-ils encore remplis du ridicule et mystérieux galimatias qu'on trouve à chaque page des Livres tenus en partie double ; tels que : *divers doivent à divers ; A. B. doit à vin, vins doivent à profits et pertes ; C. D. doit à bois, etc., etc.?* Car si A. B. doit de l'argent à *vin*, pourquoi ne pas laisser *vin* aller en recouvrement ? Et si A. B. ne doit point d'argent à *vin*, pourquoi passer l'article de manière à embrouiller l'esprit d'une personne qui n'est pas habituée à ces sortes de tournures ? On me répondra que cela est nécessaire pour former la partie double. Mais, comme je suis certain que, *de toutes les personnes maintenant occupées de commerce*, il n'en est pas une qui puisse prouver que les Livres tenus par les anciennes Méthodes soient justes, je persiste à dire, que personne ne devroit tenir ses Livres d'après elles, parce qu'en les suivant, on est continuellement dans le cas d'être trompé par des fraudes ou des erreurs, et qu'en conséquence elles devroient être totalement abolies.

Si je prends un écolier pour tenir des Livres, qu'elles sont les instructions nécessaires que je lui donnerai ? Thomas achète de moi du drap, j'en parle au jeune homme afin qu'il l'écrive, lui disant : *débitez Thomas de Paris, pour* 20 *mètres de draps, à* 21 *francs.* Il n'a qu'à écrire les mots dont je me sers, et l'article sera passé d'une manière claire, précise et convenable, lorsque le montant sera calculé et porté à la colonne destinée à le recevoir. Si j'achète de Jean de Rouen des marchandises, je dis : *créditez Jean de Rouen*, 500 *pièces indiennes, à* 33 *fr.* 60 *c.*, et ainsi de suite, *pour toute espèce d'opérations.* Y a-t-il rien de plus simple et de plus aisé à entendre que ceci? Cependant toute autre chose est parfaitement inutile, tellement que, lorsqu'un écolier aura passé quelques articles, il comprendra facilement comment doit être tenu le Journal.

Mais, comme il arrive que dans tous les comptoirs on est quelquefois pressé par les affaires, et qu'alors on peut porter au crédit d'un compte, un article qui auroit dû être au débit, et réciproquement ; j'ai essayé de remédier à cet inconvénient autant que possible, en ayant seulement une colonne pour recevoir le montant de chaque article, soit débit, soit crédit, au moment de le passer. Et pour la commodité de séparer les débits des crédits, avant de rapporter, opération indispensable pour empêcher la confusion et la perplexité, j'ai deux autres colonnes sur la même page ; celle du côté gauche, dans laquelle le montant de chaque débit doit être soigneusement rangé, et celle du côté droit pour les crédits ; ces colonnes doivent s'additionner chaque mois ; la colonne des débits et crédits formant un total à elle seule, celle des crédits un second total, et celle des débits un troisième total ; ce second et ce troisième total ajoutés ensemble doivent donner une somme égale au premier, ou le travail n'est pas fait exactement. Par ce moyen, le commerçant peut obtenir, chaque mois, une situation de ses affaires, telle, qu'il verra combien il doit dans ce mois, et combien il lui est dû ; et les débits d'un temps donné étant ajoutés ensemble, avec la valeur des marchandises invendues, la somme qui en proviendra sera, après soustraction faite du montant des crédits, le bénéfice produit par les opérations ; ainsi qu'on peut le voir à la fin du Journal. Lorsque les profits ou les pertes d'un commerce peuvent se connoître d'une manière si simple et si évidente, il faut qu'un associé soit dépourvu de sens commun, s'il ne peut pas voir ce qui revient à chacun en proportion de son intérêt.

Le Journal en partie double est à peu près le même qu'en partie simple, et n'exige pas de plus ample explication, ainsi qu'on peut en juger par le modèle que j'en ai donné. Mais il y a un degré de perfection dans ma Méthode en partie double, que ne doivent pas laisser échapper *les personnes attachées* à cette manière; la balance peut se faire d'un moment à l'autre, sans qu'il soit besoin de se donner la peine de solder aucun compte particulier, mais seulement en additionnant le grand Livre; puisqu'il ne suffit pas que le débit et le crédit de celui-ci soient parfaitement conformes entr'eux, mais qu'il faut encore qu'ils correspondent exactement au débit et au crédit du Journal; tellement que, quelque somme que ce soit, même la fraction d'une centime, ne puisse être ni ajoutée ni rétranchée sans être apperçue; et le seul talent nécessaire, est d'être en état de faire une addition. Cette Méthode n'est-elle donc pas simplifiée jusqu'à la capacité d'un écolier; tandis que l'ancienne manière de faire la balance, embarrasse et fatigue les hommes les plus versés dans cette partie, souvent pendant plusieurs mois de suite? Mais outre que ma Méthode n'exige point que vous soldiez aucun compte en particulier, elle a cet avantage, que la différence du total de chacune des colonnes, désigne quel doit être le total des balances sur chaque folio.

Qu'un négociant dont les Livres sont tenus selon l'ancienne manière, prenne son Journal, dans lequel tous les articles sont supposés définitivement passés; qu'il le compare avec son grand Livre, et voie s'il pourra prouver qu'ils sont conformes. Il ne tardera pas à se convaincre que l'entreprise est entièrement vaine; et cependant, des sommes très-considérables ont pu entrer dans le Journal, sans jamais avoir passé dans le grand Livre. On sent assez que ceci n'est pas un léger inconvénient, et qu'il est instant d'y obvier. Ces considérations suffisent, je pense, pour convaincre toute personne impartiale de la supériorité de ma Méthode.

Le modèle que j'ai donné d'un Livre de caisse, répond également à l'une et à l'autre manière, et est fait sur un tel plan, qu'on ne peut pas se tromper dans l'addition d'une page sans s'en apercevoir. Mais un Livre de caisse devient inutile, si les opérations au comptant sont passées au Journal comme elles doivent l'être; dans les deux cas, la balance du compte du caissier se trouvera dans le grand Livre.

Nous allons maintenant nous occuper de *rapporter* : cette opération commence en ouvrant un compte dans le grand Livre, suivant les exemples que j'en ai donnés, à chaque personne au débit ou au crédit de laquelle il y a un article de passé dans le Journal; *assignant à chaque compte une lettre qu'on emploiera comme une marque que l'article a été rapporté.* Le nom de la personne, le lieu de sa résidence, et le folio du grand Livre, doivent ensuite s'écrire à l'alphabet; *plaçant à la suite du nom, la même lettre qu'on aura assignée au compte dans le grand Livre* ; conformément au modèle annexé.

Le folio du grand Livre sur lequel le compte est ouvert, et qui se trouvera dans l'alphabet, se notera vis-à-vis chaque article du Journal et dans la colonne désignée ; puis, la date et le montant de chaque débit se rapporteront dans les colonnes du grand Livre destinées à les recevoir, à la gauche de son compte respectif ; mettant, à chaque somme dans le Journal, à la place du point ou du trait jusqu'à présent employé pour pointer, la même lettre assignée au compte du grand Livre, *auquel cette somme doit se rapporter*. On observera que les débits de vendémiaire, brumaire, frimaire, etc., doivent être rapportés *dans les colonnes de ces mois* dans le grand Livre ; et les crédits rapportés de la même manière ; remplissant le compte dans le centre, à l'expiration de chaque mois, du montant des opérations de ce même mois, détaillées à leur côté respectif. On a ainsi, dans un petit espace, l'état général du compte d'une personne pendant l'année ; dans les colonnes de droit et de gauche, le montant de chaque opération, séparément ; et dans le centre, la situation de chaque mois.

Ayant décrit le procédé de ma Méthode de tenir les Livres, je vais faire voir comment on doit *pointer* les Livres ainsi tenus, de manière à acquérir la certitude absolue que le grand Livre est la représentation fidèle du Journal ; c'est-à-dire, que, non-seulement le montant de chaque article soit exactement rapporté, mais encore qu'il le soit au crédit ou au débit du compte auquel il appartient.

Cette manière de *pointer* diffère de celles employées jusqu'à présent, autant par l'expédition, que par le degré de certitude qui accompagne l'opération, puisqu'il est seulement nécessaire d'additionner les colonnes du grand Livre d'un bout à l'autre, suivant le modèle donné ; et le montant de ces colonnes, s'il est juste, doit s'accorder avec le montant des colonnes du Journal correspondant au même espace de temps.

Ces additions doivent avoir lieu une fois le mois; et, si les sommes totales ne sont pas conformes, on doit alors, *mais seulement alors*, recommencer à pointer ; lorsque le nombre des mois, soit un, soit deux, trois ou quatre, qu'on donne à chaque colonne est rempli, le total en doit être mis au bas de la page, et transporté au bas de la page suivante, et ainsi jusqu'au dernier compte ; ayant soin que le montant des articles du Journal soit réuni en un total général pour le même espace de temps, de la manière que je l'ai fait dans le modèle. Or, il faudroit qu'un homme fût privé de la portion ordinaire de sens commun pour dire, ou même pour penser un moment, que les colonnes du Journal et celles du grand Livre répondant au même espace de temps, pussent être conformes au total, et que cependant il seroit possible qu'une erreur y existât sans être découverte. Ce seroit vouloir perdre le temps, pour ne rien dire de plus, que d'insister sur ce point.

Mais quoique cette opération doive prouver que le grand Livre renferme tout le contenu du Journal, et rien de plus ou de moins, cependant elle ne seroit point complète sans un moyen de s'assurer si chaque article est rapporté à son compte respectif et point à d'autres. A quelques personnes, je le sais, ceci pourra paroître de peu de conséquence, spécialement à ceux qui disent : *Si j'omets de porter un article dans le compte de quelqu'un, s'il est honnête homme, il m'en fera appercevoir en réglant définitivement.* Mais cette négligence ne sera plus dangereuse par la Méthode suivante.

J'ai établi comme règle, qu'une lettre, *de la forme qu'on voudra choisir*, seroit assignée à chaque compte du grand Livre, et la même lettre écrite à côté du Nom dans l'alphabet. Ces lettres étant employées comme signes que l'article est rapporté, et mises vis-à-vis chaque somme du Journal, à mesure qu'on rapporte; il est dono seulement nécessaire de comparer, et voir si la lettre mise en regard de l'article au Journal, répond au même nom dans l'alphabet. Une différence indique nécessairement une erreur. Dans le cas contraire, tout est juste.

A la fin de l'année, ou dans tout autre temps, lorsqu'on balance les comptes, si on n'a point de raisons pour que les profits des opérations ne paroissent point dans les Livres, on peut entrer dans le Journal les marchandises invendues à prix d'achat, soit la valeur en un seul article, soit avec détail, comme on le jugera bon ; puis on leur ouvrira un compte dans le grand Livre, au débit duquel on portera le montant total. L'addition générale du grand Livre doit alors se compléter; et, si elle est conforme à celle du Journal, et au montant des sommes placées au bas des colonnes, alors on peut soustraire les débits des crédits, et on aura le bénéfice de son commerce; à moins que les crédits ne dépassent les débits, ce qui indiqueroit de la perte.

En établissant les balances du grand Livre, il est une règle à observer, à l'aide de laquelle *on ne peut pas se tromper :* à mesure que vous avancez, prenez la différence entre les débits et les crédits de chaque folio, et comparez-la avec la différence des balances actives et passives ; si elles sont conformes, l'opération est juste, autrement non. Ainsi sur le premier folio du modèle du grand Livre annexé, le montant total des crédits est . . . . 199,197 fr. 60 c.
Le montant total des débits 165,688 80

Différence, 33,508 fr. 80 c.

Montant des balances du crédit . . . . 75,600 fr. » c.
Montant des balances du débit 42,091 20

Différence égale, 33,508 fr. 80 c.

Par ce moyen, chaque folio sera vérifié progressivement, et *les balances de dix mille grands Livres*, tenus d'après cette Méthode, *ne peuvent pas être mal établies, sans qu'on s'en apperçoive.*

Une description plus détaillée de l'opération, et de la manière de pointer, devient inutile, si l'on veut se rendre à l'invitation que j'ai faite à chacun, d'écrire quelques-unes de ses propres opérations d'après mon plan. De cette manière, la Méthode deviendra bientôt familière.

Il est digne de l'attention de tout commerçant intelligent et honnête, de considérer que par la Méthode que je viens d'exposer, aucune erreur ne peut exister sans être découverte, si l'article a été d'abord passé exactement. Il n'y aura donc plus rien à disputer entre les associés ou leurs héritiers ; et un homme insolvable ne pourra plus tromper ses créanciers par un faux bilan. Car son grand Livre doit faire voir le montant de toutes ses opérations, débit et crédit ; et la différence du total entre les deux côtés, montrera ce qu'il doit ou ce qui lui est dû. Cette somme, et la valeur des marchandises en magasin, donnant l'état exact de son *Avoir*, il doit rendre compte du déficit. Si ses créanciers le soupçonnent, ils n'ont qu'à additionner ses Livres, afin de s'assurer s'ils sont justes ou non ; et s'ils découvrent quelques ratures dans le montant des différentes colonnes du Journal ou du grand Livre, il doit en donner une raison claire et satisfaisante, ou être regardé comme un malhonnête homme. Car le total au bas des différentes colonnes ne doit, en aucun cas, être écrit, qu'on ne l'ait trouvé juste; et, comme il ne peut devenir faux après avoir été une fois juste, on ne doit jamais permettre qu'il y soit fait aucun changement.

Nous allons maintenant exposer les moyens d'enseigner la nouvelle Méthode dans les Écoles.

PLAN D'ENSEIGNEMENT,

DANS LES ÉCOLES,

DE LA NOUVELLE METHODE SIMPLIFIEE.

Que chacun des articles du modèle du Journal, ou un nombre suffisant d'autres articles qu'on croira plus convenables, soit copié sur des morceaux de papier, à peu près comme les exemples d'écriture dans les écoles ; et que les enfans qui doivent apprendre à tenir les Livres fassent des affaires nominales, soit seuls, soit, ce qui vaudroit encore mieux, avec des associés. Ils commenceront par avancer leur capital, et ensuite iront au maître ou à leurs condisciples acheter les articles avec lesquels ils prétendent trafiquer. Ils les recevront écrits sur des carrés de papier, et les revendront de la même manière à d'autres écoliers, ayant soin d'écrire régulièrement chaque opération dans l'ordre qu'elle se passera. Le maître veillera à ce qu'ils fassent et reçoivent leurs paiemens exactement, quelquefois en argent, quelquefois en mandats, et d'autres fois en billets à ordre; il veillera aussi à ce qu'ils obtiennent ou accordent des escomptes et des bonifications, et donnent ou prennent des bordereaux; n'omettant, en un mot, rien de ce qui peut arriver dans le cours des affaires d'une maison de commerce, et de ce qui est à leur portée. On doit mettre le plus grand soin à leur expliquer la nature des différentes opérations, afin qu'ils puissent parfaitement les comprendre avant de les entrer dans leurs Livres. Et, si on leur met fréquemment sous les yeux l'introduction et l'exposition de cet ouvrage, ils ne peuvent manquer de se familiariser assez avec la théorie de ma Méthode, pour pouvoir se diriger ensuite seuls dans toutes leurs opérations ultérieures. Ce plan sera, je pense, assez facilement entendu des instituteurs, pour qu'il soit inutile d'en dire davantage sur ce sujet.

JOURNAL.

Doit.				dates.	PARIS, *VENDÉMIAIRE AN XI.*	Dt. et Avr.		Avoir.			
fr.	c.	lot.	fol.			fr.	c.	fol.	lot.	fr.	c.
				1	Avr. Ab. Hardy, Paris, espèces pour son capital.	36,000	.	1	*a*	36,000	.
					. . Ch. Sage, idem. . . . . idem	36,000	.	1	*b*	36,000	.
72,000	.	*c*	1	.	Dt. Ab.-H. Caissier, pour espèces en caisse.	72,000	.				
				2	Avr. Antonio, Malaga, 40 pipes vin de Malaga, à 600 fr. . . .	24,000	.	2	*f*	24,000	.
					. . Lettres et billets à payer; accepté la traite d'Antonio, pour le montant de son vin, payable au 1er. prairial.	24,000	.	2	*g*	24,000	.
24,000	.	*f*	2	.	Dt. Antonio, Malaga, pour notre acceptation à sa traite. . . .	24,000	.				
					Avr. Caissier, pour le frêt de mer et de rivière, droits et autres frais des 40 pipes vin Malaga, suivant reçus. .	18,000	.	1	*c*	18,000	.
					. . Jean, Rouen, pour 500 pièces indiennes, à 33 fr. 60 c.. .	16,800	.	2	*h*	16,800	.
					. . Henry, Elbeuf, 1000 mètres drap comm., à 18 fr. . .	18,000	.	3	*i*	18,000	.
					. . Simon, Sedan, 1000 mètres casimir ord., à 9 fr. . .	9,000	.	3	*j*	9,000	.
					. . Caissier, payé le transport, etc., de ces marchandises . .	492	.	1	*c*	492	.
420	.	*d*	2	3	Dt. Thomas, Paris, 20 mètr. drap, à 21 fr.	420	.				
210	.	*e*	2	.	. . David, id., 10 mètr. id., . . . 21 fr.	210	.				
600	.	*l*	3	.	. . Bernard, id., 20 mètr. id., . . . 21 fr.	{ 420	.				
					5 pièces indiennes, 36 fr.	180	.				
1200	.	*k*	3	8	. . Ambroise, id., 1 pipe vin Malaga, à.	1,200	.				
1614	.	*m*	4	10	. . Bertin, id., 1 id., . . . id	{ 1,200	.				
					20 mètr. drap, à 20 fr. 70 c.. . . .	414					
420	.	*n*	4	.	. . Samuel, Passy, 20 mètr. id. . . 21 fr..	420	.				
1035	.	*o*	4	12	. . George, Paris, 50 mètr. id. . . 20 fr. 70 c..	1,035	.				
840	.	*t*	5	.	. . Baptiste, id., 40 mètr. id. . . 21 fr..	840	.				
420	.	*p*	4	.	. . Le Jeune, id., 20 mètr. id. . . 21 fr.	420					
630	.	*q*	4	15	. . Claude, id., 30 mètr. id. . . 21 fr..	630	.				
420	.	*r*	5	.	. . Jacques, id., 20 mètr. id. . . 21 fr..	420	.				
828	.	*v*	5	.	. . Armand, Chaillot, 40 mètr. id. . . 20 fr. 70 c.. . . .	828	.				
				17	Avr. Ambroise, Paris, reçu de lui.	1,200	.	3	*k*	1,200	.
1200	.	*c*	1	.	Dt. Caissier, id., espèces reçues d'Ambroise	1,200	.				
240	.	*d*	2	18	. . Thomas, id., 20 mètr. casimir, à 12 fr	240	.				
114	.	*e*	2	.	. . David, id., 10 mètr. id., . . 11 fr. 40 c. . . .	114	.				
228	.	*l*	3	.	. . Bernard, id., 20 mètr. id., . . 11 fr. 40 c. . . .	228	.				
				21	Avr. Bertin, id., reçu de lui pour du vin.	1,200	.	4	*m*	1,200	.
1200	.	*c*	1	.	Dt. Caissier, id., pour espèces reçues de Bertin . . .	1,200	.				
222	.	*n*	4	.	. . Samuel, Passy, 20 mètr. casimir, à 11 fr. 10 c. . . .	222	.				
222	.	*m*	4	25	. . Bertin, Paris, 20 mètr. id., . . 11 fr. 10 c. . . .	222	.				
540	.	*o*	4	.	. . George, id., 50 mètr. id., . . 10 fr. 80 c. . . .	540	.				
456	.	*t*	5	.	. . Baptiste, id., 40 mètr. id., . . 11 fr. 40 c. . . .	456	.				
228	.	*p*	4	27	. . Le Jeune, id., 20 mètr. id., . . 11 fr. 40 c. . . .	228	.				
333	.	*q*	4	.	. . Claude, id., 30 mètr. id., . . 11 fr. 10 c. . . .	333	.				
228	.	*r*	5	.	. . Jacques, id., 20 mètr. id., . . 11 fr. 40 c. . . .	228	.				
444	.	*v*	5	29	. . Armand, Chaillot, 40 mètr. id., . . 11 fr. 10 c. . . .	444	.				
110,292	.			.	. . . . *Total de Vendémiaire.*	294,984	.	.	.	184,692	.
					BRUMAIRE.						
624	.	*d*	2	2	Dt. Thomas, Paris, 1 demi-pipe Malaga, à 248 fr. la pipe.	624	.				
1224	.	*t*	5	.	. . Baptiste, id., 1 pipe, id.	1,224	.				
444	.	*l*	3	.	. . Bernard, id., 40 mètr. casimir, à 11 fr. 10 c.	444	.				
					Avr. Caissier, payé ports de lettres et menus frais le mois dernr.	60	.	1	*c*	60	.
186	.	*e*	2	5	Dt. David, Paris, 5 pièces indiennes, à 37 fr. 20 c. . . .	186	.				
372	.	*m*	4	.	. . Bertin, id., 10 pièc. id., . . . 37 fr. 20 c. . . .	372	.				
456	.	*v*	5	7	. . Armand, Chaillot, 40 mètr. casimir, . . 11 fr. 40 c. . . .	456	.				
3000	.	*s*	5		. . Guillaume, id., 1 pipe Malaga.	{ 1,200	.				
					40 mètr. drap, à 20 fr. 70 c.	828	.				
					20 mètr. casimir, à 11 fr. 40 c.. . . .	228	.				
					20 pièces indiennes, à 37 fr. 20 c. . . .	744	.				
116,598	.	.	.	.	. . . *Vendémiaire et Brumaire transportés.*	301,350	.	.	.	184,752	.

Doit. fr.	c.	let.	fol.	dates.	BRUMAIRE.			Dr. et Avr. fr.	c.	fol.	let.	Avoir. fr.	c.
116,598	.	.		.	. . . . . *Transport de Vendémiaire et Brumaire.* . . .			501,350	.			184,752	.
		.		10	Avr. Thomas,	Paris,	reçu de lui pour vin.	624	.	2	*d*	624	.
624	.	*c*	1	.	Dr. Caissier,		espèces reçues de Thomas.	624	.				
840	.	*d*	2	.	. . Thomas,	id.,	40 mètr. drap, à 21 fr.	840	.				
420	.	*e*	2	.	. . David,	id.,	20 mètr. id. . . 21 fr.	420	.				
720	.	*l*	3	.	. . Bernard,	id.,	20 pièc. indien. 36 fr.	720	.				
744	.	*t*	5	15	. . Baptiste,	id.,	20 pièc. id., . . 37 fr. 20 c.	744	.				
					Avr. Baptiste,	id.,	reçu de lui p. vin.	1,224	.	5	*t*	1,224	.
1,224	.	*c*	1	.	Dr. Caissier,		p. espèces reçues de Baptiste. . . .	1,224	.				
414	.	*m*	4	19	. . Bertin,	id.,	20 mètr. drap, à 20 fr. 70 c. . . .	414	.				
732	.	*v*	5	.	. . Armand,	Chaillot,	20 pièc. indien. . 36 fr. 60 c. . . .	732	.				
1,098	.	*d*	2	21	. . Thomas,	Paris,	30 pièc. id., . . . 36 fr. 60 c. . . .	1,098	.				
414	.	*t*	5	.	. . Baptiste,	id.,	20 mètr. drap, . . 20 fr. 70 c. . . .	414	.				
				25	Avr. Guillaume,	Chaillot,	reçu p. vin.	1,200	.	5	*s*	1,200	.
1,200	.	*c*	1	.	Dr. Caissier,		espèces reçues de Guillaume. . . .	1,200	.				
621	.	*l*	3	27	. . Bernard,	Paris,	30 mètr. drap, à 20 fr. 70 c. . . .	621	.				
125,649	.	.	.	.	. . . . . . *Total de Vendémiaire et Brumaire.*			315,449	.	.	.	187,800	.
					FRIMAIRE.								
228	.	*m*	4	1	Dr. Bertin,	Paris,	20 mètr. casimir, à 11 fr. 40 c. . .	228	.				
					Avr. Bertin,	id.,	reçu de lui.	636	.	4	*m*	636	.
636	.	*c*	1	.	Dr. Caissier,		espèces reçues de Bertin	636	.				
228	.	*t*	5	.	. . Baptiste,	id.,	20 mètr. casimir, à 11 fr. 40 c. . .	228	.				
					Avr. Baptiste,	id.,	reçu de lui.	1,296	.	5	*t*	1,296	.
1,296	.	*c*	1	.	Dr. Caissier,		espèces reçues de Baptiste.	1,296	.				
					Avr. Le même,	p. ports de	lettres et divers frais le mois dernier.	36	.	1	*c*	36	.
				3	. . Armand,	Chaillot,	autant qu'il a payé.	1,272	.	5	*v*	1,272	.
1,272	.	*c*	1	.	Dr. Caissier,		reçu d'Armand.	1,272	.				
828	.	*v*	5	.	. . Armand,	id.,	40 mètr. drap, à 20 fr. 70 c. . . .	828	.				
					Avr. Thomas,	Paris,	reçu de lui.	660	.	2	*d*	660	.
660	.	*c*	1	.	Dr. Caissier,		espèces reçues de Thomas.	660	.				
1,242	.	*d*	2	.	. . Thomas,	id.,	60 mètr. drap, à 20 fr. 70 c. . . .	1,242	.				
					Avr. Bernard,	id.,	p. espèces qu'il a comptées.	828	.	3	*l*	828	.
828	.	*c*	1	.	Dr. Caissier,		reçu de Bernard.	828	.				
555	.	*l*	3	.	. . Bernard,	id.,	50 mètr. casimir, à 11 fr. 10 c. . .	555	.				
				10	Avr. David,	id.,	autant qu'il a payé.	324	.	2	*e*	324	.
324	.	*c*	1	.	Dr. Caissier,		reçu de David.	324	.				
228	.	*e*	2	.	. . David,	id.,	20 mètr. casimir, à 11 fr. 40 c. . .	228	.				
828	.	*k*	3	13	. . Ambroise,	id.,	40 mètr. drap, . . . 20 fr. 70 c. . .	828	.				
				15	Avr. Samuel,	Passy,	reçu en espèces.	642	.	4	*n*	642	.
					. . George,	Paris,	id., (bonifié 60 c.).	1,575	.	4	*o*	1,575	.
					. . Le Jeune,	id.,	id., ...	648	.	4	*p*	648	.
					. . Jacques,	id.,	id., ...	648	.	5	*r*	648	.
					. . Claude,	id.,	id., (bonifié 3 fr.).	965	.	4	*q*	965	.
4,472	40	*c*	1	.	Dr. Caissier,		p. espèc. reçues des cinq qui précèdent	4,472	40				
1,098	.	*d*	2	19	. . Thomas,	Paris,	30 pièc. indiennes, à 36 fr. 60 c. .	1,098	.				
558	.	*l*	3	.	. . Bernard,	id.,	15 pièc. id. . . . . 37 fr. 20 c. .	558	.				
584	.	*t*	5	21	. . Baptiste,	id.,	10 pièc. id. . . . . 58 fr. 40 c. .	584	.				
378	.	*e*	2	.	. . David,	id.,	10 pièc. id. . . . . 37 fr. 80 c. .	378	.				
378	.	*m*	4	25	. . Bertin,	id.,	10 pièc. id. . . . . 37 fr. 80 c. .	378	.				
732	.	*v*	5	.	. . Armand,	Chaillot,	20 pièc. id. . . . . 36 fr. 60 c. .	732	.				
4,800	.	*j*	3	27	. . Simon,	Sedan,	p. notre remise.	4,800	.				
7,200	.	*h*	2	.	. . Jean,	Rouen,	id.	7,200	.				
8,400	.	*i*	3	.	. . Henry,	Elbeuf,	id.	8,400	.				
					Avr. Caissier,		p. les trois remises ci-dessus . . .	20,400	.	1	*c*	20,400	.
420	.	*d*	2	30	Dr. Thomas,	Paris,	20 mètr. drap, à 21 fr.	420	.				
163,400	40	.	.	.	. . . *Total de Vendémiaire, Brumaire et Frimaire.* . . .			581,128	40	.	.	217,728	.

Doit. fr.	c.	let.	fol.	dates.	NIVOSE.	Dt. et Avr. fr.	c.	fol.	let.	Avoir. fr.	c.
				1	Avr. Caissier, p. ports de lettres et divers frais le mois dernr.	18	.	1	c	18	.
					. . Thomas, Paris, reçu de lui.	1,938	.	2	d	1,938	.
					. . Baptiste, id., id	1,158	.	5	t	1,158	.
				.	. . Bernard, id., id	1,785	.	3	l	1,785	.
4,881	.	c	1	.	Dt. Caissier, p. espèces reçues des trois personnes ci-dessus.	4,881	.				
828	.	d	2	2	. . Thomas, Paris, 40 mètr. drap d'Elbœuf, à 20 fr. 70 c.	828	.				
621	.	l	3	.	. . Bernard, id., 30 mètr. id . . . . 20 fr. 70 c.	621	.				
1,020	.	t	5	.	. . Baptiste, id., 50 mètr. id . . . . 20 fr. 75 c.	1,020	.				
					Avr. David, id., espèces reçues de lui.	606	.	2	c	606	.
606	.	c	1	.	Dt. Caissier, p. ce qu'il a reçu de David.	606	.				
444	.	e	2	.	. . David, id., 40 mètr. casimir, à 11 fr. 10 c. . .	444	.				
				4	Avr. Bertin, id., autant qu'il nous a compté.	786	.	4	m	786	.
786	.	c	1	.	Dt. Caissier, reçu de Bertin.	786	.				
540	.	m	4	.	. . Bertin, id., 50 mètr. casimir, à 10 fr. 80 c. . .	540	.				
				7	Avr. Armand, Chaillot, pour ce qu'il nous a payé	1,188	.	5	v	1,188	.
1,188	.	c	1	.	Dt. Caissier, reçu d'Armand	1,188	.				
542	.	v	5	.	. . Armand, id., 30 mètr. casimir, à 11 fr. 40 c. . .	542	.				
				11	Avr. Guillaume, id., reçu de lui.	1,800	.	5	s	1,800	.
1,800	.	c	1	.	Dt. Caissier, reçu de Guillaume.	1,800	.				
414	.	s	5	.	. . Guillaume, id., 20 mètr. drap, à 20 fr. 70 c. . . .	414	.				
828	.	r	5	15	. . Jacques, Paris, 40 mètr. id. . . 20 fr. 70 c. . . .	828	.				
621	.	q	4	.	. . Claude, id., 30 mètr. id. . . 20 fr. 70 c. . . .	621	.				
1,020	.	t	5	19	. . Baptiste, id., 50 mètr. id. . . 20 fr. 40 c. . . .	1,020	.				
420	.	p	4	.	. . Le Jeune, id., 20 mètr. id. . . 21 fr.	420	.				
621	.	o	4	.	. . George, id., 30 mètr. id. . . 20 fr. 70 c. . . .	621	.				
828	.	n	4	.	. . Samuel, Passy, 40 mètr. id. . . 20 fr. 70 c. . . .	828	.				
1,035	.	k	3	23	. . Ambroise, Paris, 50 mètr. id. . . 20 fr. 70 c. . . .	1,035	.				
9,600	.	h	2	.	. . Jean, Rouen, notre remise pour son compte. . . .	9,600	.				
					Avr. Caissier, p. note remise à Jean.	9,600	.	1	c	9,600	.
1,224	.	t	5	25	Dt. Baptiste, Paris, 1 pipe vin de Malaga.	1,224	.				
624	.	l	3	.	. . Bernard, id., 1 demi-pipe id.	624	.				
684	.	d	2	.	. . Thomas, id., 60 mètr. casimir, à 11 fr. 40 c. . .	684	.				
4,200	.	j	3	27	. . Simon, Sedan, p. notre remise de ce jour	4,200	.				
					Avr. Caissier, notre remise à Simon.	4,200	.	1	c	4,200	.
1,464	.	l	3	29	Dt. Bernard, Paris, 40 pièc. indiennes, à 36 fr. 60 c. .	1,464	.				
9,600	.	i	3	.	. . Henry, Elbœuf, à lui compté ce jour.	9,600	.				
					Avr. Caissier, payé à Henry.	9,600	.	1	c	9,600	.
1,860	.	d	2	30	Dt. Thomas, Paris, 50 pièces indiennes, à 37 fr. 20 c. .	1,860	.				
48,099	.	.	.	.	. . . . *Total de Nivôse.*	80,778	.	.	.	52,679	.
					PLUVIOSE.						
				1	Avr. Thomas, Paris, reçu de lui.	2,760	.	2	d	2,760	.
					. . Bernard, id., id., (bonifié 60 c.).	891	.	3	l	891	.
					. . Baptiste, id., id.	612	.	5	t	612	.
					. . David, id., id.	606	.	2	c	606	.
					. . Bertin, id., id.	606	.	4	m	606	.
					. . Armand, Chaillot, id.	1,560	.	5	v	1,560	.
					. . Ambroise, Paris, id.	828	.	3	k	828	.
7,862	40	c	1	.	Dt. Caissier, p. espèces reçues de ces sept personnes. . .	7,862	40				
					Avr. Le même, ports de lettres et divers frais le mois dernier .	30	.	1	c	30	.
55,961	40	.	.	.	. . . . *Nivôse et Pluviôse transportés.*	96,535	40	.	.	40,572	.

Doit.				dates.	PLUVIOSE.	Dt. et Avr.		Avoir.			
fr.	c.	let.	fol.			fr.	c.	fol.	let.	fr.	c.
55,961	40	.	.	.	. . . . *Transport de Nivôse et Pluviôse.*	96,533	40	.	.	40,572	.
				2	Avr. Henry, Elbœuf, 1000 mètr. drap, à 17 fr. 40 c. . . .	17,400	.	3	i	17,400	.
2,217	.	t	5	5	Dt. Baptiste, Paris, 40 pièc. indienn. à 36 fr. 60 c. . . .	1,464	.				
					20 mètr. drap . . à 21 fr.	420	.				
					30 mètr. casimir à 11 fr. 10 c. . . .	333	.				
444	.	d	2	.	. . Thomas, id., 40 mètr. id. . . à 11 fr. 10 c. . . .	444	.				
				7	Avr. Simon, Sedan, 500 mètr. id. . . à 9 fr.	4,500	.	3	j	4,500	.
420	.	l	3	.	Dt. Bernard, Paris, 20 mètr. drap . à 21 fr.	420	.				
1,248	.	u	5	10	. . Durand, id., 1 pipe vin Malaga.	1,248	.				
624	.	e	2	.	. . David, id., 1 demi-pipe id.	624	.				
1,248	.	i	3	13	. . Henry, Elbœuf, 1 pipe. . . . id.	1,248	.				
1,452	.	d	2	.	. . Thomas, Paris, 40 pièc. indiennes, à 36 fr. 30 c. .	1,452	.				
612	.	t	5	17	. . Baptiste, id., 1 demi-pipe vin Malaga.	612	.				
1,248	.	h	2	.	. . Jean, Rouen, 1 pipe. . . . id.	1,248	.				
744	.	l	3	21	. . Bernard, Paris, 20 pièc. indiennes, à 37 fr. 20 c. .	744	.				
					Avr. Durand, id., reçu pour son vin.	1,248	.	5	u	1,248	.
1,248	.	c	1	.	Dt. Caissier, reçu de Durand.	1,248	.				
1,050	.	u	5	25	. . Durand, id., 50 mètr. drap, à 21 fr.	1,050	.				
840	.	e	2	27	. . David, id., 40 mètr. id. . à 21 fr.	840	.				
					Avr. Le même, id., reçu p. son vin.	624	.	2	e	624	.
828	.	t	5	.	Dt. Baptiste, id., 40 mètr. drap, à 20 fr. 70 c. . . .	828	.				
					Avr. Le même, id., reçu p. son vin.	612	.	5	t	612	.
1,236	.	c	1	.	Dt. Caissier, espèces reçues de David et Baptiste. .	1,236	.				
444	.	l	3	29	. . Bernard, id., 40 mètr. casimir, à 11 fr. 10 c. . .	444	.				
71,864	40	.	.	.	. . . . *Total de Nivôse et Pluviôse.*	136,820	40	.	.	64,956	.

VENTOSE.

fr.	c.	let.	fol.	dates		fr.	c.	fol.	let.	fr.	c.
555	.	u	5	1	Dt. Durand, Paris, 50 mètr. casimir, à 11 fr. 10 c. . . .	555	.				
					Avr. Caissier, ports de lettres et divers frais le mois dernier.	126	.	1	c	126	.
16,152	.	i	3	3	Dt. Henry, Elbœuf, notre billet s. ordre, à 2 mois . . .	16,152	.				
					Avr. Lettres et billets à payer; notre billet ord. Henry. . .	16,152	.	2	g	16,152	.
				7	. . Thomas, Paris, reçu de lui.	3,372	.	2	d	3,372	.
3,372	.	c	1	.	Dt. Caissier, reçu de Thomas.	3,372	.				
630	.	d	2	.	. . Thomas, id., 30 mètr. drap., à 21 fr.	630	.				
				11	Avr. David, id., reçu en espèces.	444	.	2	e	444	.
444	.	c	1	.	Dt. Caissier, reçu de David.	444	.				
744	.	e	2	.	. . David, id., 20 pièc. indiennes, à 37 fr. 20 c. . .	744	.				
				16	Avr. Ambroise, id., reçu en espèces	1,035	.	3	k	1,035	.
1,035	.	c	1	.	Dt. Caissier, reçu d'Ambroise.	1,035	.				
444	.	k	3	.	. . Ambroise, id., 40 mètr. casimir, à 11 fr. 10 c. . .	444	.				
				20	Avr. Bernard, id., espèces qu'il a payées.	2,709	.	3	l	2,709	.
2,709	.	c	1	.	Dt. Caissier, reçu de Bernard.	2,709	.				
228	.	l	3	.	. . Bernard, id., 20 mètr. casimir, à 11 fr. 40 c. . . .	228	.				
				23	Avr. Bertin, id., reçu de lui en espèces.	540	.	4	m	540	.
540	.	c	1	.	Dt. Caissier, reçu de Bertin.	540	.				
420	.	m	4	.	. . Bertin, id., 20 mètr. drap, à 21 fr.	420	.				
				26	Avr. Samuel, Passy, reçu de lui	828	.	4	n	828	.
					. . George, Paris, id.	621	.	4	o	621	.
					. . Le Jeune, id., id.	420	.	4	p	420	.
				27	. . Claude, id., id.	621	.	4	q	621	.
					. . Jacques, id., id.	828	.	5	r	828	.
					. . Baptiste, id., id.	3,264	.	5	t	3,264	.
6,582	.	c	1	.	Dt. Caissier, reçu des six personnes ci-dessus . . .	6,582	.				
105,719	40	.	.	.	. . . . . . *Total de Nivôse, Pluviôse et Ventôse*	201,635	40	.	.	95,916	.

Avoir

Doit. fr.	c.	let.	fol.	dates.	GERMINAL.	Dt. et Avr. fr.	c.	fol.	let.	Avoir. fr.	c.
				1	Avr. Caissier, ports de lettres et menus frais le mois dernier .	25	20	1	c	25	20
					. . Armand, Chaillot, reçu de lui	342	.	5	v	342	.
342	.	c	1	.	Dt. Caissier, reçu d'Armand	342	.				
420	.	v	5	.	. . Armand, id., 20 mètr. drap à 21 fr	420	.				
				3	Avr. Guillaume, id., autant reçu de lui.	414	.	5	s	414	.
414	.	c	1	.	Dt. Caissier, reçu de Guillaume.	414	.				
444	.	s	5	.	. . Guillaume, id., 40 mètr. casimir, à 11 fr. 10 c. . . .	444	.				
				5	Avr. Simon, Sedan, 500 mètr. id . . à 9 fr	4,500	.	3	j	4,500	.
9,000	.	j	3	.	Dt. Le même, id., 1 pipe Malaga.	{ 1,248	.				
					notre billet à 2 mois, dû le 8 prairial.	{ 7,752	.				
					Avr. Lettres et billets à payer, notre billet ord. Simon de .	7,752	.	2	g	7,752	.
				8	. . Baptiste, Paris, reçu de lui (bonifié 60 c.)	3,045	.	5	t	3,045	.
3,044	40	c	1	.	Dt. Caissier, reçu de Baptiste.	3,044	40				
684	.	t	5	.	. . Baptiste, id., 60 mètr. casimir, à 11 fr. 40 c. . .	684	.				
				11	Avr. Thomas, id., pour espèces qu'il a comptées. . . .	1,896	.	2	d	1,896	.
1,896	.	c	1	.	Dt. Caissier reçu de Thomas.	1,896	.				
444	.	d	2	.	. . Thomas, id., 40 mètr. casimir, à 11 fr. 10 c. . . .	444	.				
333	.	n	4	15	. . Samuel, Passy, 30 mètr. id. . . à 11 fr. 10 c. . . .	333	.				
					Avr. Jean, Rouen, 500 pièc. indien. à 32 fr. 40 c. . . .	16,200	.	2	h	16,200	.
16,200	.	h	2	.	Dt. Le même, id., 5 pipes Malaga, à 1224 fr.	{ 6,120	.				
					notre billet à son ordre, à 3 mois . .	{ 10,080	.				
					Avr. Lettres et billets à payer; notre billet ord. Jean, à 3 mois.	10,080	.	2	g	10,080	.
726	.	o	4	19	Dt. George, Paris, 20 pièc. indiennes, à 36 fr. 30 c. . .	726	.				
					Avr. Bernard, id. reçu de lui.	1,608	.	3	l	1,608	.
1,608	.	c	1	.	Dt. Caissier, reçu de Bernard.	1,608	.				
444	.	l	3	21	. . Bernard, id., 40 mètr. casimir, à 11 fr. 10 c. . . .	444	.				
555	.	e	2	23	. . David, id., 50 id. . . id. . . à 11 fr. 10 c. . . .	555	.				
					Avr. Le même, id., reçu en espèces.	840	.	2	e	840	.
840	.	c	1	.	Dt. Caissier, reçu de David.	840	.				
555	.	p	4	.	. . Le Jeune, id., 50 mètr. casimir, à 11 fr. 10 c. . . .	555	.				
726	.	v	5	25	. . Armand, Chaillot, 20 pièc. indienn., à 36 fr. 30 c. . . .	726	.				
621	.	t	5	.	. . Baptiste, Paris, 30 mètr. drap, à 20 fr. 70 c., . . .	621	.				
621	.	s	5	27	. . Guillaume, Chaillot, 30 mètr. id. . à 20 fr. 70 c. . . .	621	.				
840	.	d	2	.	. . Thomas, Paris, 40 mètr. id. . à 21 fr.	840	.				
708	.	n	4	29	. . Samuel, Passy, 20 pièc. indien., à 35 fr. 40 c. . . .	708	.				
708	.	e	2	.	. . David, Paris, 20 pièc. id. . . à 35 fr. 40 c. . . .	708	.				
414	.	l	3	30	. . Bernard, id., 20 mètr. drap. . à 20 fr. 70 c. . . .	414	.				
42,587	40	.	.	.	. . . . *Total de Germinal*	89,289	60	.	.	46,702	20
					FLORÉAL.						
				1	Avr. Caissier, ports de lettres et divers frais le mois dernier. .	252	.	1	c	252	.
					. . Durand, Paris, espèces reçues de lui, (bonifié 60 c.) .	555	.	5	u	555	.
					. . Thomas, id., id.	630	.	2	d	630	.
					. . David, id., id.	744	.	2	e	744	.
1,928	40	c	1	.	Dt. Caissier, espèces reçues des trois personnes précédentes .	1,928	40				
1,089	.	d	2	5	. . Thomas, Paris, 30 pièc. indiennes, à 36 fr. 30 c . .	1,089	.				
				8	Avr. Ambroise, id., reçu de lui.	444	.	3	k	444	.
					. . Bernard, id., id.	228	.	3	l	228	.
					. . Bertin, id., id.	420	.	4	m	420	.
1,092	.	c	1	.	Dt. Caissier, reçu des trois qui précèdent.	1,092	.				
444	.	u	5	12	. . Durand, Paris, 40 mètr. casimir, à 11 fr. 10 c. . .	444	.				
420	.	e	2	15	. . David, id., 20 mètr. drap . . à 21 fr.	420	.				
1,089	.	m	4		. . Bertin, id., 30 pièc. indiennes, à 36 fr. 30 c. . .	1,089	.				
222	.	k	3	20	. . Ambroise, id., 20 mètr. casimir, à 11 fr. 10 c. . .	222	.				
720	.	l	3	25	. . Bernard, id., 20 pièc. indiennes, à 36 fr. . . .	720	.				
828	.	d	2	28	. . Thomas, id., 40 mètr. drap . . à 20 fr. 70 c. . .	828	.				
50,419	80	.	.	.	. . . . *Germinal et Floréal transportés.*	100,395	.	.	.	49,975	20

F

Doit. fr.	c.	let.	fol.	dates.	PRAIRIAL.	D^t. et Av^r. fr.	c.	fol.	let.	Avoir. fr.	c.
50,419	80	.	.	.	. . . . . . *Transport de Germinal et Floréal.*	100,595	.	.	.	49,975	20
				1	Av^r. Caissier, ports de lettres le mois dernier	25	20	1	*c*	25	20
					Acquit de nos billets à Antonio et Harris. . . .	40,152	.	1	*c*	40,152	.
40,152	.	*g*	2	.	D^t. Lettres et billets à payer pour acquit de nos deux billets. .	40,152	.				
				3	Av^r. Armand, Chaillot, reçu de lui	1,146	.	5	*v*	1,146	.
					. . Samuel, Passy, id. (bonif. 60 c.).	1,041	.	4	*n*	1,041	.
					. . Guillaume, Chaillot, id. (bonif. 60 c.).	1,065	.	5	*s*	1,065	.
3,250	80	*c*	1	.	D^t. Caissier, reçu des trois qui précèdent.	3,250	80				
444	.	*n*	4	5	. . Samuel, Passy, 40 mètr. casimir, à 11 fr. 10 c . . .	444	.				
				8	Av^r. Caissier, pour acquit de nos billets ordre Simon.	7,752	.	1	*c*	7,752	.
7,752	.	*g*	2	.	D^t. Lettres et billets à payer, acquit de notre billet ord. Simon.	7,752	.				
720	.	*v*	5	11	. . Armand, Chaillot, 20 pièc. indiennes, à 36 fr.	720	.				
1,062	.	*s*	5	.	. . Guillaume, id., 30 pièc. id. . . . . à 35 fr. 40 c . .	1,062	.				
					Av^r. Baptiste, Paris, reçu de lui (bonifié 60 c.).	1,305	.	5	*t*	1,305	.
					. . Thomas, id., id.	1,284	.	2	*d*	1,284	.
					. . George, id., id.	726	.	4	*o*	726	.
3,314	40	*c*	1	.	D^t. Caissier, reçu des trois qui précèdent	3,314	40				
828	.	*o*	4	15	. . George, Paris, 40 mètr. drap, à 20 fr. 70 c. . . .	828	.				
414	.	*t*	5	.	. . Baptiste, id., 20 mètr. id . . à 20 fr. 70 c. . . .	414	.				
555	.	*d*	2	19	. . Thomas, id., 50 mètr. casim., à 11 fr. 10 c. . . .	555	.				
				20	Av^r. Le Jeune, id., reçu de lui.	555	.	4	*p*	555	.
					. . David, id., id.	1,263	.	2	*e*	1,263	.
					. . Bernard, id., id.	858	.	3	*l*	858	.
2,676	.	*c*	1	.	D^t. Caissier, reçu de ces trois personnes.	2,676	.				
732	.	*l*	3	25	. . Bernard, Paris, 20 pièc. indiennes, à 36 fr. 60 c . .	732	.				
1,080	.	*e*	2	.	. . David, id., 30 pièces id. . . à 36 fr.	1,080	.				
624	.	*p*	4	26	. . Le Jeune, id., 1 demi-pipe de vin Malaga . . .	624	.				
624	.	*d*	2	.	. . Thomas, id., 1 demi-pipe id	624	.				
624	.	*t*	5	27	. . Baptiste, id., 1 demi-pipe id	624	.				
624	.	*v*	5	29	. . Armand, Chaillot, 1 demi-pipe id	624	.				
115,674	.	.	.	.	. . . . . *Total de Germinal, Floréal et Prairial.*	222,821	40	.	.	107,147	40
					MESSIDOR.						
				1	Av^r. Caissier, ports de lettres le mois dernier.	25	20	1	*c*	25	20
					. . Jean, Rouen, reçu de lui.	1,248	.	2	*h*	1,248	.
				3	. . Durand, Paris, id.	1,494	.	5	*u*	1,494	.
2,742	.	*c*	1	.	D^t. Caissier, reçu de Jean et Durand.	2,742	.				
1,035	.	*o*	4	5	. . George, Paris, 50 mètr. drap, à 20 fr. 70 c. . .	1,035	.				
1,080	.	*d*	2	.	. . Thomas, id., 100 mètr. casim. à 10 fr. 80 c. . .	1,080	.				
					Av^r. Le même, id., reçu de lui.	1,917	.	2	*d*	1,917	.
1,917	.	*c*	1	.	D^t. Caissier, pour espèces reçues de Thomas.	1,917	.				
				9	Av^r. David, id., reçu de lui.	420	.	2	*e*	420	.
420	.	*c*	1	.	D^t. Caissier, reçu de David.	420	.				
3,540	.	*e*	2	.	. . David, id., 100 pièc. indienn., à 35 fr. 40 c.	3,540	.				
555	.	*k*	3	12	. . Ambroise, id., 50 mètr. casimir, à 11 fr. 10 c.	555	.				
					Av^r. Le même, id., reçu de lui.	222	.	3	*k*	222	.
222	.	*c*	1	.	D^t. Caissier, reçu d'Ambroise.	222	.				
2,040	.	*l*	3	16	. . Bernard, Paris, 100 mètr. drap, à 20 fr. 40 c. . .	2,040	.				
					Av^r. Le même, id., reçu de lui..	720	.	3	*l*	720	.
720	.	*c*	1		D^t. Caissier, reçu de Bernard.	720	.				
1,035	.	*m*	4	18	. Bertin, id., 50 mètr. drap, à 20 fr. 70 c. . . .	1,035	.				
					Av^r. Le même, id., reçu en espèces.	1,089	.	4	*m*	1,089	.
1,089	.	*c*	1	.	D^t. Caissier, reçu de Bertin	1,089	.				
					Av^r. Le même, pour acquit de notre billet ordre Jean. . . .	10,080	.	1	*c*	10,080	.
10,080	.	*g*	2	.	D^t. Lettres et billets à payer, pour l'acquit ci-dessus. . . .	10,080	.				
228	.	*v*	5	.	. . Armand, Chaillot, 20 mètr. casimir, à 11 fr. 40 c. .	228	.				
444	.	*t*	5	22	. . Baptiste, Paris, 40 mètr. id. . . . à 11 fr. 10 c. .	444	.				
27,147	.	.	.	.	. . . . *Messidor transporté.*	44,362	20	.	.	17,215	30

Doit. fr.	c.	let.	fol.	dates.	MESSIDOR.	Dt. et Avr. fr.	c.	fol.	let.	Avoir. fr.	c.
27,147	.	.	.	.	. . . . *Transport de Messidor*.	44,362	20	.	.	17,215	20
1,248	.	*d*	2	26	Dt. Thomas, Paris, 1 pipe vin Malaga	1,248	.				
1,248	.	*v*	5	.	. . Armand, Chaillot, 1 pipe id	1,248	.				
1,035	.	*u*	5	.	. . Durand, Paris, 50 mètr. drap, à 20 fr. 70 c.	1,035	.				
1,770	.	*t*	5	.	. . Baptiste, id. 50 pièc. indien. à 35 fr. 40 c.	1,770	.				
1,248	.	*e*	2	.	. . David, id. 1 pipe vin Malaga	1,248	.				
624	.	*o*	4	.	. . George, id. 1 demi-pipe id.	624	.				
34,520	.	.	.	.	. . . . *Total de Messidor*	51,555	20	.	.	17,215	20
					THERMIDOR.						
				1	Avr. Caissier, ports de lettres, etc., le mois dernier . . .	36	.	1	*c*	36	.
				4	. . Thomas, Paris, reçu de lui à-compte	957	.	2	*d*	957	.
					. . Samuel, Passy, id	444	.	4	*n*	444	.
					. . Armand, Chaillot, id	1,344	.	5	*v*	1,344	.
					. . Guillaume, id. id	1,062	.	5	*s*	1,062	.
3,807	.	*c*	1	.	Dt. Caissier, pour les sommes ci-dessus	3,807	.				
1,035	.	*q*	4	7	. . Claude, Paris, 50 mètr. drap, à 20 fr. 70 c. . . .	1,035	.				
555	.	*r*	5	.	. . Jacques, id. 50 mètr. casimir, à 11 fr. 10 c	555	.				
1,248	.	*v*	5	.	. . Armand, Chaillot, 1 pipe vin Malaga	1,248	.				
1,248	.	*t*	5	11	. . Baptiste, Paris, 1 pipe id.	1,248	.				
				13	Avr. Le même, id. reçu de lui à-compte	1,038	.	5	*t*	1,038	.
					. . George, id. id.	828	.	4	*o*	828	.
					. . Bernard, id. id.	732	.	3	*l*	732	.
					. . David, id. id.	1,080	.	2	*e*	1,080	.
					. . Le Jeune, id. id.	624	.	4	*p*	624	.
4,302	.	*c*	1	.	Dt. Caissier, pour les sommes qui précèdent.	4,302	.				
1,035	.	*d*	2	17	. . Thomas, Paris, 50 mètr. drap, à 20 fr. 70 c. . . .	1,035	.				
555	.	*v*	5	.	. . Armand, Chaillot, 50 mètr. casimir, à 11 fr. 10 c. . . .	555	.				
555	.	*q*	4	21	. . Claude, Paris, 50 mètr. id. à 11 fr. 10 c. . . .	555	.				
1,248	.	*w*	6	.	. . Didier, id. 1 pipe vin Malaga.	1,248	.				
1,248	.	*x*	6	25	. . Arnaud, id. 1 pipe id.	1,248	.				
1,248	.	*y*	6	.	. . Dumont, id. 1 pipe id.	1,248	.				
624	.	*r*	5	.	. . Jacques, id. 1 demi-pipe id.	624	.				
				27	Avr. Jean, Rouen, 300 pièc. indiennes, à 32 fr. 40 c. . . .	9,720	.	2	*h*	9,720	.
3,672	.	*h*	2	.	Dt. Le même, id. 3 pipes vin Malaga, à 1224 fr.	3,672	.				
708	.	*t*	5	.	. . Baptiste, Paris, 20 pièc. indiennes, à 35 fr. 40 c. . . .	708	.				
				29	Avr. Henry, Elbeuf, 500 mètr. drap ord. à 18 fr.	9,000	.	3	*i*	9,000	.
2,496	.	*i*	3	.	Dt. Le même, id. 2 pipes Malaga, à 1248 fr.	2,496	.				
					Avr. Simon, Sedan, 500 mètr. casimir, à 9 fr	4,500	.	3	*j*	4,500	.
555	.	*d*	2	30	Dt. Thomas, Paris, 50 mètr. id. à 11 fr. 10 c.	555	.				
555	.	*t*	5	.	. . Baptiste, id. 50 mètr. id. à 11 fr. 10 c.	555	.				
61,014	.	.	.	.	. . . . *Total de Messidor et Thermidor*	109,594	20	.	.	48,580	20
					FRUCTIDOR.						
				1	Avr. Caissier, ports de lettres, etc., le mois dernier	132	.	1	*c*	132	.
					. . George, Paris, reçu de lui	1,035	.	4	*o*	1,035	.
1,035	.	*c*	1	.	Dt. Caissier, reçu de George	1,035	.				
420	.	*o*	4	5	. . George, id. 20 mètr. drap, à 21 fr	420	.				
					Avr. Thomas, id. reçu de lui à-compte.	2,328	.	2	*d*	2,328	.
2,328	.	*c*	1	.	Dt. Caissier, reçu de Thomas	2,328	.				
708	.	*d*	2	5	. . Thomas, id. 20 pièc. indiennes, à 35 fr. 40 c	708	.				
1,035	.	*w*	6	.	. . Didier, id. 50 mètr. drap, à 20 fr. 70 c	1,035	.				
				9	Avr. David, id. reçu de lui à-compte	2,400	.	2	*e*	2,400	.
					. . Bernard, id. id	2,040	.	3	*l*	2,040	.
					. . Bertin, id. id	1,035	.	4	*m*	1,035	.
5,475	.	*c*	1	.	Dt. Caissier, reçu de trois personnes ci-dessus	5,475	.				
72,015	.	.	.	.	*Messidor, Thermidor et Fructidor transportés.*	129,565	20	.	.	57,550	20

Doit. fr.	c.	let.	fol.	dates.	FRUCTIDOR.	Dt. et Avr. fr.	c.	fol.	let.	Avoir. fr.	c.
72,015	.			.	. . *Transport de Messidor, Thermidor et Fructidor.* . .	129,565	20			57,550	20
1,035	.	*d*	2	11	Dt. Thomas, Paris, 50 mètr. drap, à 20 fr. 70 c.	1,035	.				
555	.	*v*	5	.	. . Armand, Chaillot, 50 mètr. casimir, à 11 fr. 10 c.	555	.				
708	.	*u*	5	.	. . Durand, Paris, 20 pièc. indien. à 35 fr. 40 c.	708	.				
1,062	.	*t*	5	15	. . Baptiste, id. 30 pièc. id. à 35 fr. 40 c.	1,062	.				
1,062	.	*s*	5	.	. . Guillaume, Chaillot, 30 pièc. id. à 35 fr. 40 c.	1,062	.				
1,035	.	*w*	6	.	. . Didier, Paris, 50 mètr. drap, à 20 fr. 70 c.	1035	.				
1,035	.	*y*	6	21	. . Dumont, id. 50 mètr. id. à 20 fr. 70 c.	1035	.				
708	.	*x*	6	.	. . Arnaud, id. 20 pièc. indiennes, à 35 fr. 40 c.	708	.				
708	.	*d*	2	25	. . Thomas, id. 20 pièc. id. à 35 fr. 40 c.	708	.				
555	.	*o*	4	.	. . George, id. 50 mètr. casimir, à 11 fr. 10 c.	555	.				
555	.	*m*	4	29	. . Bertin, id. 50 mètr. id. à 11 fr. 10 c.	555	.				
708	.	*v*	5	.	. . Armand, Chaillot, 20 pièc. indiennes, à 35 fr. 40 c.	708	.				
708	.	*e*	2	30	. . David, Paris, 20 pièc. id. à 35 fr. 40 c.	708	.				
1,035	.	*u*	5	.	. . Durand, id. 50 mètr. drap, à 20 fr. 70 c.	1,035	.				
					Avr. Caissier, ports de lettres, etc. dans ce mois	36					
					. . Loyer de magasin et imposition pour un an. .	1,260		1	*c*	2,556	.
					. . Appointemens de commis	1,260					
					. . Ab. Hardy, pour une année d'intérêt de son cap. à 5 p. 100.	1,800	.	1	*a*	1,800	.
					. . Ch. Sage, pour id. id	1,800	.	1	*b*	1,800	.
28,356	.	*z*	6	.	Dt. Marchandises invendues. 380 mètr. drap, à 18 fr. . . .	6,840	.				
					. . 570 mètr. casim., à 9 fr. . . .	5,130	.				
					. . 245 pièc. indien., à 32 fr. 40 c.	7,938	.				
					. . 8 pip. Malaga, à 1056 fr. . .	8,448	.				
111,840	.	.	.	.	. . . *Total de Messidor, Thermidor et Fructidor.* . . .	175,546	20			63,706	20

Doit. fr.	c.	DIVERS.	Avoir. fr.	c.
163,400	40	. . . . . VENDÉMIAIRE, BRUMAIRE ET FRIMAIRE.	217,728	.
105,719	40	. . . . . NIVÔSE, PLUVIÔSE ET VENTÔSE.	95,916	.
115,674		. . . . . GERMINAL, FLORÉAL ET PRAIRIAL	107,147	40
111,840		. . . . . MESSIDOR, THERMIDOR ET FRUCTIDOR.	63,706	20
496,633	80	. . . . Montant total des affaires de l'An 11.	484,497	60
		Profit.	12,136	20
		. . . . Avr. Ab. HARDY, sa moitié 6,072 10. . . .	496,633	80
		. . . . Avr. Ch. SAGE, sa moitié 6,072 10. . . .		
		12,136 20. . . .		

ETAT D'ENTRÉE ET DE SORTIE

Des Marchandises d'Abraham Hardy et Charles Sage.

MOIS DE VENDÉMIAIRE.

Doit.			Vin.	fr.	c.	Drap.	fr.	c.	Casimir.	fr.	c.	Indienn.	fr.	c.	Avoir.	
	Marches. entrées.	2	40 pip.	42,000	.	1000 mèt.	18,000	.	1000 mèt.	9000	.	500 pièc.	16,800	.		
		5		. . . .	.	50 pour	1,050	.	. . . . .			5 pièc. p.	180	.		
		8	1 pip.	1,200	.											
		10	1	1,200	.	40	834	.								
		12	. . .	. . . .	.	110	2,295	.								
		15	. . .	. . . .	.	90	1,878	.								
		18	. . .	. . . .	.	. . . . .	. . . .	.	50 p.	582	.					
		21	. . .	. . . .	.	. . . . .	. . . .	.	20	222	.					
		25	. . .	. . . .	.	. . . . .	. . . .	.	110	1210	.					
		27	. . .	. . . .	.	. . . . .	. . . .	.	70	789	.					
		29	. . .	. . . .	.	. . . . .	. . . .	.	40	444	.					
	Vendu.		2 pip.	2,400	.	290 mèt.	6,057	.	290 mèt.	3255	.	5 pièces.	180	.		
	Marchandises invendues le 30 vendémiaire.		38 pip.	. . . .	.	. . . .	. . . .	.	. . . . .	. . .	.	. . . . .	à 1056	.	40,128	.
						710 mèt.	. . . .	.	. . . . .	. . .	.	. . . . .	à 18	.	12,780	.
									710 mèt.	. . .	.	. . . . .	9	.	6,390	.
												495 pièc.	33 60	.	16,632	.
													(1) Débit en Vend.		110,292	.
184,692 .	(1)														186,222	.

(1) Voyez le mois de Vendémiaire.

ABR. HARDY.

COMPTE DE CAISSE.

Doit. fr.	c.	let.	fol.	dates.	PARIS, *FRIMAIRE AN XI.*	Dt. et Avr. fr.	c.	fol.	let.	Avoir. fr.	c.
				1	Avr. Bertin, Paris, reçu de lui à compte.	636	.	4	*m*	636	.
				3	. . Baptiste, id. id.	1,296	.	5	*t*	1,296	.
					. . Armand, Chaillot, id.	1,272	.	5	*v*	1,272	.
				7	. . Thomas, Paris, id.	660	.	2	*d*	660	.
				10	. . Bernard, id. id.	828	.	3	*l*	828	.
				15	. . David, id. id.	324	.	2	*e*	324	.
					. . Samuel, Passy, id.	642	.	4	*n*	642	.
					. . George, Paris, id. . 1574. 40. bonifié, 60 c.	1,575	.	4	*o*	1,575	.
					. . Le Jeune, id. id.	648	.	4	*p*	648	.
					. . Jacques, id. id.	648	.	5	*r*	648	.
					. . Claude, id. id. . 960. bonifié, 3 fr. . .	963	.	4	*q*	963	.
4,800	.	*j*	3	27	Dt. Simon, Sedan, pour notre remise.	4,800	.				
7,200	.	*h*	2		. . Jean, Rouen, id.	7,200	.				
8,400	.	*i*	3		. . Henry, Elbeuf, id.	8,400	.				
9,488	40	*c*	1		. . Caissier, pour le montant des sommes reçues dans ce mois, et portées à leurs comptes respectifs. . 9488 40 bonifié sur deux comptes 3 60	9,488	40				
					Avr. Caissier, pour les remises ci-dessus.	20,400	.	1	*o*	20,400	.
					pour ports de lettres, etc. pendant ce mois. . .	18	.	1	*y*	18	.
29,888	40				. . . . *Total en Frimaire.*	59,798	40			29,910	.

MODELE D'UN JOURNAL
en Partie double.

Doit. **PARIS, *VENDÉMIAIRE AN XI.*** Avoir.

Vend.	Colonne pour les folios du Grand Livre.	Colonne pour les Lettres servant de Points.		fr.	c.			Colonne pour les folios du Grand livre.	Colonne pour les Lettres servant de Points.	fr.	c.
1			Caissier. . . . . Dt. .	72,000	.	A Ab. Hardy, Paris. .	pour son capital versé en caisse.			36,000	.
						A Ch. Sage, id. . .	pour id.			36,000	.
2			Vin de Malaga. . Dt. .	42,000	.	A Antonio, Malaga. . .	40 pipes vin, suivant facture à 600 fr. pour pipe.			24,000	.
						A Caissier	droits, frêt et frais. . .			18,000	.
			Antonio, Malaga. Dt. .	24,000	.	A Lettres et Billets à payer.	Accepté son mandat à 9 mois, pour vin, dû 1er prairial. . .			24,000	.
			Indiennes. . . . . Dt. .	16,800	.	A Jean, Rouen. . . .	500 pièces indiennes, à 33 fr. 60 c.			16,800	.
			Draps. . . . . . Dt. .	18,000	.	A Henry, Elbœuf. . .	1000 mètr. drap à 18 fr.			18,000	.
			Casimir. . . . . Dt. .	9,000	.	A Simon, Sedan. . .	1000 mètr. casimir, à 9 fr.			9,000	.
			Frais de Commerce. Dt.	492	.	A Caissier.	payé le transport, etc., des indiennes, draps et casimirs			492	.
3			Thomas, Paris. . . Dt. .	420	.	A Draps.	20 mètr. drap à 21 fr. 420				
			David, id. . . Dt. .	210	.	A id.	10 mètr. à 21 fr. 210			1,050	.
			Bernard, id. . . Dt. .	600	.	A id.	20 mètr. à 21 fr. 420				
						A indiennes.	5 pièc. à 36 fr			180	.
8			Ambroise, id. . . Dt. .	12,00	.	A vin de Malaga. . . .	1 pipe Malaga, à . . . . . 1,200 fr.			2,400	.
			Bertin, id. . . Dt. .	1,614	.	A id.	1 pipe, id. . 1,200 fr.				
						A Draps.	20 mètr. à 20 fr. 70 c. 414			834	.
			Samuel, Passy. . Dt. .	420	.	A id.	20 mètr. à 21 fr. 420				
12			George, Paris. . Dt. .	1,035	.	A id.	50 mètr. à 20 fr. 70 c. 1035				
			Baptiste, id. . . Dt. .	840	.	A id.	40 mètr. à 21 fr. 840			2,295	.
			Le Jeune, id. . . Dt. .	420	.	A id.	20 mètr. à 21 fr. 420				
			Divers comptes. . Dt. .	189,051	.		Divers comptes. . Avr.			189,051	.

GRAND-LIVRE.

De Vre. 1. à Fri. 30				de Niv. 1. à Vent. 30				de Ger. 1. à Prai. 30				de Mes. 1. à Fru. 30			
	Vre.				Niv.				Ger.				Mes.		
1	1	72,000	.	3	1	4,881	.	5	1	342	.	6	3	2,742	.
	17	1,200	.		2	606	.		3	414	.		5	1,917	.
	21	1,200	.		4	786	.		8	3,044	40		9	420	.
	Bru.				7	1,188	.		11	1,896	.		12	222	.
2	10	624	.		11	1,800	.		19	1,608	.		16	720	.
	15	1,224	.		Plu.				23	840	.		18	1,089	.
	25	1,200	.	4	1	7,862	40		Flo.				The.		
	Fri.				21	1,248	.		1	1,928	40	7	4	3,807	.
	1	636	.		27	1,236	.	6	8	1,092	.		13	4,302	.
		1,296	.		Vse.				Prai.				Fru.		
	3	1,272	.		7	3,372	.		3	3,250	80		1	1,035	.
		660	.		14	444	.		11	3,314	40		3	2,328	.
	7	828	.		16	1,035	.		20	2,676	.		9	5,475	.
	10	324	.		23	2,709	.								
	15	4,472	40		20	540	.								
					27	6,582	.								
	Tpté.	86,936	40			34,289	40			20,406	.			24,057	.

[1

AB. HARDY. Doit.

CH. SAGE.

A. HARDY.

Vre.	P. esp. reçues dans ce mois. 55,908 . Balance	74,400	.
Bru.	P. esp. reçues dans ce mois. 58,860 . Balance	3,048	.
Fri.	P. esp. reçues dans ce mois. 47,948 40. Balance	9,488	4
Niv.	P. esp. reçues dans ce mois. 33,791 40. Balance	9,261	.
Plu.	P. esp. reçues dans ce mois. 44,107 80. Balance.	10,346	4
Vse.	P. esp. reçues dans ce mois. 58,663 80. Balance	14,682	.
Ger.	P. esp. reçues dans ce mois. 66,783 . Balance	8,144	4
Flo.	P. esp. reçues dans ce mois. 69,531 40. Balance	3,020	4
Pra.	P. esp. reçues dans ce mois. 30,863 40. Balance	9,241	2
Mes.	P. esp. reçues dans ce mois. 27,868 20. Balance	7,110	.
The.	P. esp. reçues dans ce mois. 35,941 20. Balance	8,109	.
Fru.	P. esp. reçues dans ce mois.	8,838	.
	Transporté	42,091	20

dat.	PARIS. *a*	Avoir. fr.	c	De Vend. 1. à Fri. 30 f°.	dat.	fr.	c.	de Niv. 1. à Vent. 30 f°.	dat.	fr.	c.	de Ger. 1. à Prai. 30 f°.	dat.	fr.	c.	de Mes. 1. à Fru. 30 f°.	dat.	fr.	c.
Vre.	Par caisse	36,000	.	1	Ven. 1	36,000	.									8	Fri. 30	1,800	.
Fri.	Par intérêt	1,800	.																
	Balance, 37,800																		
	PARIS *b*			1	Ven. 1	36,000	.									8	Fri. 30	1,800	.
Vre.	Par caisse	36,000	.																
	Par intérêt	1,800	.																
	Balance, 37,800																		
	CAISSIER, *c*			1	Ven. 2	18,000	.	3	Niv. 1	18	.	5	Ger. 1	25	20	6	Mes. 1	25	20
Vre.	P. esp. payées dans ce mois.	18,492	.			492	.		23	9,600	.		Flo. 1	252	.		18	10,080	.
Bru.	Par idem	96	.		Bru. 2	60	.	4	27	4,200	.	6	Pra. 1	25	20	7	The. 1	36	.
Fri.	Par idem	20,400	.		4	36	.		29	9,600	.			40,152	.	8	Fru. 1	152	.
Niv.	Par idem	23,418	.	2	Fri. 27	20,400	.		Plu. 1	30	.		5	7,752	.		30	2,556	.
Plu.	Par idem	30	.						Ven. 1	126	.								
Vse.	Par idem	126	.																
Ger.	Par idem	25	20																
Flo.	Par idem	252	.																
Prai.	Par idem	47,929	20																
Mes.	Par idem	10,105	20																
The.	Par idem	36	.																
Fru.	Par idem	2,688	.																
	Transporté	75,600			Trpt.	110,988	.			23,574	.			48,206	40			16,429	20

De Vend. 1. à Fri. 30				de Niv. 1. à Vent. 30				de Ger. 1. à Prai. 30				de Mes. 1. à Fru. 30			
f°.	dat.	fr.	c.	f°.	dat.	fr.	c.	f°.	dat.	fr.	c.	f°.	dat.	fr.	c.
	Ven.				Niv.				Ger.				Mes.		
1	3	420	.	3	2	828	.	5	11	444	.	6	5	1,080	.
	18	240	.		25	684	.		27	840	.	7	26	1,248	.
	Bru.				30	1,860	.		Flo.				The.		
2	2	624	.		Plu.				5	1,089	.		17	1,035	.
	11	840	.	4	5	444	.		28	828	.		30	555	.
	21	1,098	.		13	1,452	.		Prai.				Fru.		
	Fri.				Ven.			6	19	333	.	8	5	708	.
	3	1,242	.		7	630	.		26	624	.		11	1,035	.
	19	1,098	.										25	708	.
	30	420	.												
	Ven.				Niv.				Ger.				Mes.		
1	3	210	.	3	2	444	.	5	23	555	.	6	9	3,540	.
	18	114	.		Plu.				29	708	.	7	26	1,248	.
	Bru.			4	10	624	.		Flo.				Fru.		
2	5	186	.		27	840	.		15	420	.	8	30	708	.
	10	420	.		Ven.				Prai.						
	Fri.				11	744	.	6	23	1,080	.				
	10	228	.												
	21	578	.												
	Ven.														
1	2	24,000	.												
									Prai.				Mes.		
								6	1	40,132	.	6	18	10,080	.
									8	7,752	.				
	Fri.				Niv.				Ger.				The.		
2	27	7,200	.	5	23	9,600	.	5	15	16,200	.	7	27	3,672	.
					Plu.										
				4	17	1,248	.								
		38,718	.			19,398	.			71,025	.			25,617	.
	Trpt.	86,956	40			34,289	40			20,406	.			24,057	.
	Toté.	125,654	40			53,687	40			91,431	.			49,674	.

THOMAS. Doit.

dat.		fr.	c.
V^re.	A marchandises.	660	.
Bru.	A idem	2,562	.
Fri.	A idem	2,760	.
Niv.	A idem	3,372	.
Plu.	A idem	1,896	.
V^se.	A idem	630	.
Ger.	A idem	1,284	.
Flo.	A idem	1,917	.
Pra.	A idem	957	.
Mes.	A idem	2,328	.
The.	A idem	1,590	.
Fru.	A idem	2,451	.
	Balance 4,041 0		

DAVID.

dat.		fr.	c.
V^re.	A marchandises.	324	.
Bru.	A idem	606	.
Fri.	A idem	606	.
Niv.	A idem	444	.
Plu.	A idem	1,464	.
V^se.	A idem	744	.
Ger.	A idem	1,263	.
Flo.	A idem	420	.
Pra.	A idem	1,080	.
Mes.	A idem	4,788	.
Fru.	A idem	708	.
	Balance 3,096 0		

ANTONIO.

dat.		fr.	c.
V^se.	A not. acceptat. à sa traite.	24,000	.

LETTRES et BILLETS.

dat.		fr.	c.
Plu.	A caisse	47,904	.
Mes.	A idem	10,080	.

JEAN.

dat.		fr.	c.
Fri.	A caisse	7,200	.
Niv.	A idem	9,600	.
Plu.	A vin	1,248	.
Ger.	A idem et caisse	16,200	.
The.	A idem	3,672	.

Transport 42,091 20

Transporté 49,228 20

PARIS. *d*		Avoir.		De Vend. 1. à Fri. 30				de Niv. 1. à Vent. 30				de Ger. 1. à Prai. 30				de Mes. 1. à Fru. 30			
dat.		fr.	c.	f°.	dat.	fr.	c.	f°.	dat.	fr.	c.	f°.	dat.	fr.	c.	f°.	dat.	fr.	c.
ru.	Par caisse	624	.	2	Bru. 10	624	.	3	Niv. 1	1,938	.	5	Ger. 11	1,896	.	6	Mes. 5	1,917	.
ri.	Par idem	660	.		Fri. 3	660	.	4	Plu. 1	2,760	.		Flo. 1	650	.	7	The. 4	957	.
iv.	Par idem	1,938	.						Ven. 7	3,372	.	6	Prai. 11	1,284	.		Fru. 5	2,528	.
lu.	Par idem	2,760	.																
7se.	Par idem	3,372	.																
er.	Par idem	1,896	.																
lo.	Par idem	650	.																
ra.	Par idem	1,284	.																
Mes.	Par idem	1,917	.																
The.	Par idem	957	.																
Fru.	Par idem	2,528	.																
	PARIS, *e*			2	Fri. 10	524	.	3	Niv. 2	606	.	5	Ger. 25	840	.	6	Mes. 9	420	.
ri.	Par caisse	524	.					4	Plu. 1	606	.		Flo. 1	744	.	7	The. 15	1,080	.
iv.	Par idem	606	.						27	624	.	6	Prai. 20	1,265	.		Fru. 9	2,400	.
lu.	Par idem	1,250	.						Ven. 11	444	.								
7se.	Par idem	444	.																
er.	Par idem	840	.																
lo.	Par idem	744	.																
ra.	Par idem	1,265	.																
Mes.	Par idem	420	.																
The.	Par idem	1,080	.																
Fru.	Par idem	2,480	.																
7se.	MALAGA, *f*			1	Ven. 2	24,000	.												
	Par 40 pipes vin de Malaga.	24,000	.																
	A PAYER, *g*			1	Ven. 2	24,000	.	4	Ven. 5	16,152	.	5	Ger. 5	7,752	.				
													15	10,080	..				
Vse.	Par notre acceptation . .	24,000	.																
Vse.	Par not. billet ordre Henry.	16,152	.																
Ger.	Par idem	17,832	.																
	ROUEN, *h*				Ven. 2	16,800	.						Ger. 15	16,200	.	6	Mes. 1	1,248	.
Vse.	Par indiennes	16,800	.													7	The. 27	9,720	.
Ger.	Par idem	16,200	.																
Mes.	Par caisse	1,248	.																
The.	Par indiennes.	9,720	.																
	Balance 6,048 0					66,408				26,502				40,689	.			20,070	.
	Transport 75,600 0				Trpt.	110,988				23,574				48,206	40			16,429	20
	Transporté 81,648 0				Trté.	177,396				50,076				88,895	40			36,499	30

f°.	dat.	fr.	c.	f°.	dat.	fr.	c.	f°.	dat.	fr.	c.	f°.	dat.	fr.	c.
De Vend. 1. à Fri. 30				de Niv. 1. à Vent. 30				de Ger. 1. à Prai. 30				de Mes. 1. à Fru. 30			
2	Fri. 27	8,400	.	3	Niv. 29	9,600	.					7	The. 29	2,496	.
				4	Plu. 13	1,248	.								
					Ven. 3	16,152	.								
2	Fri. 27	4,800	.	3	Niv. 27	4,200	.	5	Ger. 5	9,000	.				
1	Ven. 8	1,200	.	3	Niv. 23	1,035	.	5	Flo. 20	222	.	6	Mes. 12	555	.
2	Fri. 13	828	.	4	Ven. 16	444	.								
	Ven. 3	600	.	3	Niv. 2	621	.	5	Ger. 21	444	.	6	Mes. 16	2,040	
1	18	228	.		25	624	.		29	414	.				
	Bru. 2	444	.		27	1,464	.	6	Flo. 25	720	.				
2	10	720	.	4	Plu. 7	420	.		Prai. 23	732	.				
	27	621	.		21	744	.								
	Fri. 7	333	.		29	444	.								
	19	558	.		Ven. 20	228	.								
		18,732	.			37,224	.			11,532	.			5,091	.
	Trpt.	125,654	40			53,687	40			91,431	.			49,674	.
	Tpté.	144,386	40			90,911	40			102,963	.			54,765	.

HENRY. Doit

dat.		fr.	c.
Fri.	A caisse	8,400	.
Niv.	A idem	9,600	.
Plu.	A vin	1,248	.
Vte.	A caisse	16,152	.
The.	A vin	2,496	.

SIMON.

dat.		fr.	c.
Fri.	A caisse	4,800	.
Niv.	A idem	4,200	.
Ger.	A idem et vin	9,000	.

AMBROISE.

dat.		fr.	c.
V^re.	A vin	1,200	.
Fri.	A marchandises.	828	.
Niv.	A idem	1,035	.
V^se.	A idem	444	.
Flo.	A idem	222	.
Mes.	A idem	555	.
	Balance 555 o		

BERNARD.

dat.		fr.	c.
V^re.	A marchandises.	828	.
Bru.	A idem	1,785	.
Fri.	A idem	891	.
Niv.	A idem	2,709	.
Plu.	A idem	1,608	.
V^se.	A idem	228	.
Ger.	A idem	858	.
Flo.	A idem	720	.
Pra.	A idem	732	.
Mes.	A idem	2,040	.

Transport 49,228 20
Transporté 49,783 20

	ELBEUF. *i*	Avoir.		de Vend. 1. à Fri. 30.				de Niv. 1. à Vent. 30.				de Ger. 1 à Prai. 30.				de Mes. 1. à Fru. 30.			
		fr.	c.	f°.	dat.	fr.	c.	f°.	dat.	fr.	c.	f°.	dat.	fr.	c.	f°.	dat.	fr.	c.
V^re.	Par draps	18,000	.	1	V^re. 2	18,000	.	4	Plu. 2	17,400	.					7	The. 2	9,000	.
Pra.	Par idem.	17,400	.																
The.	Par idem.	9,000																	
	Balance 6,504 o																		
	SEDAN. *j*			1	V^re. 2	9,000	.	4	Plu. 7	4,500	.	5	Ger. 5	4,500	.	7	The. 29	4,500	.
V^re.	Par casimir	9,000	.																
Plu.	Par idem.	4,500	.																
Ger.	Par idem.	4,500	.																
The.	Par idem.	4,500																	
	Balance 4,500 o																		
	PARIS, *k*			1	V^re. 17	1,200	.	3	Plu. 1	828	.	5	Flo. 8	444	.	6	Mes. 12	222	.
								4	V^re. 16	1,035	.								
V^re.	Par caisse.	1,200	.																
Plu.	Par idem.	828																	
V^se.	Par idem.	1,035	.																
Flo.	Par idem, ...	444	.																
Mes.	Par idem.	222	.																
	PARIS. *l*			2	Fri. 7	828	.	3	Niv. 1	1,785	.	5	Ger. 19	1,608	.	6	Mes. 16	720	.
									Plu. 1	891	.		Flo. 8	228	.	7	The. 13	732	.
								4	V^se. 20	2,709	.	6	Pra. 20	858	.		Fru. 9	2,040	.
Fri.	Par caisse.	828	.																
Niv.	Par idem.	1,785	.																
Plu.	Par idem.	891	.																
V^se.	Par idem.	2,709	.																
Ger.	Par idem.	1,608	.																
Flo.	Par idem.	228	.																
Pra.	Par idem.	858	.																
Mes.	Par idem.	720	.																
The.	Par idem.	732	.																
Fru.	Par idem.	2,040	.																
	Transport 81,648 o					29,028	.			29,148	.			7,658	..			17,214	.
	Transporté 92,652 o				Trpt.	177,396	.			50,076	.			88,895	.			36,499	20
					Tpté.	206,424	.			79,224	.			96,553	.			53,713	20

f°.	dat.	fr.	c.	f°.	dat.	fr.	c.	f°.	dat.	fr.	c.	f°.	dat.	fr.	c.
de Vend. 1. à Fri. 30				de Niv. 1. à Vent. 30				de Ger. 1. à Prai. 30				de Mes. 1. à Fru. 30			
1	Vre. 10	1,614	.	3	Niv. 4	540	.	5	Flo. 15	1,089	.	6	Mes. 18	1,035	.
	25	222	.	4	Vse. 23	420	.					8	Fru. 29	555	.
	Bru. 5	572	.												
2	19	414	.												
	Fri. 1	228	.												
	25	378	.												
1	Vre. 10	420	.	3	Niv. 19	828	.	5	Ger. 15	553	.				
	21	222	.						29	708	.				
								6	Pra. 5	444	.				
1	Vre. 12	1,035	.	3	Niv. 19	621	.	5	Ger. 19	726	.	6	Mes. 5	1,035	.
	25	540	.					6	Pra. 15	828	.	7	26	624	.
													Fru. 3	420	.
												8	25	555	.
1	Vre. 12	420	.	3	Niv. 19	420	.	5	Ger. 23	555	.				
	27	228	.					6	26	624	.				
1	Vre. 15	630	.	3	Niv. 15	621	.					7	The. 7	1,035	.
	27	333	.										21	555	.
		7,056	.			3,450	.			5,307	.			5,814	.
	Trpt	144,386	40			90,911	40			102,963	.			54,765	.
	Tpté.	151,442	40			94,361	40			108,270	.			60,579	.

BERTIN. Doit.

dat.		fr.	c.
Vre.	A marchandises.	1,836	.
Bru.	A idem	786	.
Fri.	A idem	606	.
Niv.	A idem	540	.
Vse.	A idem	420	.
Flo.	A idem	1,089	.
Mes.	A idem	1,035	.
Fru.	A idem	555	.
	Balance 555 0		

SAMUEL.

dat.		fr.	c.
Vre.	A marchandises.	642	.
Niv.	A idem	828	.
Ger.	A idem	1,041	.
Pra.	A idem	444	.

GEORGE.

dat.		fr.	c.
Vre.	A marchandises.	1,575	.
Niv.	A idem	621	.
Ger.	A idem	726	.
Pra.	A idem	828	.
Mes.	A idem	1,659	.
Fru.	A idem	975	.
	Balance 1,599 0		

LE JEUNE.

dat.		fr.	c.
Vre.	A marchandises.	648	.
Niv.	A idem	420	.
Ger.	A idem	555	.
Pra.	A idem	624	.

CLAUDE.

dat.		fr.	c.
Vre.	A marchandises.	965	.
Niv.	A idem	621	.
The.	A idem	1,590	.
	Balance 1,590 0		
	Transport	49,785	20
	Transporté	55,527	20

	PARIS. *m*	Avoir.		De Vend. 1. à Fri. 30				de Niv. 1. à Vent. 30				de Ger. 1. à Prai. 30				de Mes. 1. à Fru. 30			
dat.		fr.	c.	f°.	dat.	fr.	c.	f°.	dat.	fr.	c.	f°.	dat.	fr.	c.	f°.	dat.	fr.	c.
V^{re}.	Par caisse	1,200	.	1	V^{re}. 18	1,200	.	3	Niv. 4	786	.	5	Flo. 8	420	.	6	Mes. 18	1,089	.
Fri.	Par idem	636	.	2	Fri. 1	636	.		Plu. 1	606	.					7	Fru. 9	1,035	.
Niv.	Par idem	786	.					4	V^{se}. 23	540	.								
Plu.	Par idem	606	.																
V^{se}.	Par idem	540	.																
Flo.	Par idem	420	.																
Mes.	Par idem	1,089	.																
Fru.	Par idem	1,035	.																
	PASSY. *n*			2	Fri. 15	642	.	4	V^{se}. 26	828	.	6	Pra. 3	1,041	.	7	The. 4	444	.
Fri.	Par caisse	642	.																
V^{se}.	Par idem	828	.																
Pra.	Par idem	1,041	.																
The.	Par idem	444	.																
	PARIS, *o*			2	Fri. 15	1,575	.	4	V^{se}. 26	621	.	6	Pra. 11	726	.	7	The. 15	828	.
																	Fru. 1	1,035	.
Fri.	Par caisse	1,575	.																
V^{se}.	Par idem	621	.																
Pra.	Par idem	726	.																
The.	Par idem	828	.																
Fru.	Par idem	1,035	.																
	PARIS. *p*			2	Fri. 15	648	.	4	V^{se}. 26	420	.	6	Pra. 20	555	.	7	The. 15	624	.
Fri.	Par caisse.	648	.																
V^{se}.	Par idem	420	.																
Pra.	Par idem	555	.																
The.	Par idem	624	.																
	PARIS. *q*			2	Fri. 15	963	.	4	V^{se}. 27	621	.								
Fri.	Par caisse.	963	.																
V^{se}.	Par idem	621	.																
	Transport	92,652	0			5,664	.			4,422	.			2,742	.			5,055	.
					Trpt.	206,424	.			79,224	.			96,533	.			53,713	20
	Transporté	92,652	0		Tré.	212,088	.			83,646	.			99,275	.			58,768	20

De Vend. 1. à Fri. 30				de Niv. 1. à Vent. 30				de Ger. 1. à Prai. 30				de Mes. 1. à Fru. 30			
f°.	dat.	fr.	c.	f°.	dat.	fr.	c.	f°.	dat.	fr.	c.	f°.	dat.	fr.	c.
1	Vre. 15	420	.	3	Niv. 15	828	.					7	The. 7	555	.
	27	228	.										25	624	.
1	Bru. 7	3,000	.	3	Niv. 11	414	.	5	Ger. 3	444	.	8	Fru. 15	1,062	.
									27	621	.				
								6	Pra. 11	1,062	.				
1	Vre. 12	840	.	3	Niv. 2	1,020	.	5	Ger. 8	684	.	6	Mes. 22	444	.
	25	456	.		19	1,020	.		25	621	.	7	26	1,770	.
	Bru. 2	1,224	.		25	1,224	.	6	Pra. 15	414	.		The. 11	1,248	.
2	15	744	.	4	Plu. 5	2,217	.		27	624	.		27	708	.
	21	414	.		57	612	.						30	555	.
	Fri. 1	228			27	828	.					8	Fru. 15	1,062	
	21	384													
1	Vre. 15	828	.	3	Niv. 7	342	.	5	Ger. 1	420	.	6	Mes. 18	228	.
	29	444	.						25	726	.	7	26	1,248	.
	Bru. 7	456	.					6	Pra. 11	720	.		The. 7	1,248	.
2	19	732							29	624	.		17	555	.
	Fri. 3	828	.									8	Fru. 11	555	.
	25	732	.										29	708	.
		11,958	.			8,505	.			6,960	.			12,570	.
	Trpt.	151,442	40			94,361	40			108,270	.			60,579	.
	Tpté.	163,400	40			102,866	40			115,230	.			73,149	.

JACQUES. Doit.

dat.		fr	c.
Vre.	A marchandises.	648	.
Niv.	A idem	828	.
The.	A idem	1,179	.
	Balance 1,179 0		

GUILLAUME.

dat.		fr	c.
Bru.	A marchandises.	3,000	.
Niv.	A idem	414	.
Ger.	A idem	1,065	.
Pra.	A idem	1,062	.
Fru.	A idem	1,062	.
	Balance 1,062 0		

BAPTISTE.

dat.		fr	c.
Vre.	A marchandises.	1,296	.
Bru.	A idem	2,482	.
Fri.	A idem	612	.
Niv.	A idem	3,264	.
Plu.	A idem	3,657	.
Ger.	A idem	1,305	.
Pra.	A idem	1,038	.
Mes.	A idem	2,214	.
The.	A idem	2,511	.
Fru.	A idem	1,062	.
	Balance 5,787 0		

ARMAND.

dat.		fr	c.
Vre.	A marchandises.	1,372	.
Bru.	A idem	1,188	.
Fri.	A idem	1,560	.
Niv.	A idem	342	.
Ger.	A idem	1,146	.
Pra.	A idem	1,344	.
Mes	A idem	1,476	.
The	A idem	1,803	.
Fru.	A idem	1,263	.
	Balance 4,542 0		

Transport	53,527	20
Transporté	66,097	20

dat.	PARIS. *r* — Avoir.	fr.	c.	f°.	De Vend. 1. à Fri. 30 — dat.	fr.	c.	f°.	de Niv. 1. à Vent. 30 — dat.	fr.	c.	f°.	de Ger. 1 à Prai. 30 — dat.	fr.	c.	f°.	de Mes. 1. à Fru. 30 — dat.	fr.	c.
ri.	Par caisse	648	.	2	Fri. 15	648	.	4	Vse. 27	828	.								
se.	Par idem	828	.																
	CHAILLOT. *s*																		
ru.	Par caisse	1,200	.	2	Bru. 21	1,200	.	3	Niv. 11	1,800	.	5	Ger. 3	414	.	7	The. 4	1,062	.
iv.	Par idem	1,800	.									6	Pra. 3	1,065	.				
er.	Par idem	414	.																
ai.	Par idem	1,065	.																
he.	Par idem	1,062	.																
	PARIS, *t*																		
u.	Par caisse	1,224	.	2	Bru. 15	1,224	.	3	Niv. 1	1,158	.	5	Ger. 8	3,045	.	7	The. 11	1,038	.
i.	Par idem	1,296	.		Fri. 1	1,296	.		Plu. 1	162	.	6	Pra. 11	1,305	.				
v.	Par idem	1,158	.					4	27	612	.								
u.	Par idem	1,224	.						Vse. 27	3,264	.								
se.	Par idem	3,264	.																
er.	Par idem	3,045	.																
a.	Par idem	1,305	.																
c.	Par idem	1,038	.																
	CHAILLOT. *v*																		
i.	Par caisse	1,272	.	2	Fri. 3	1,272	.	3	Niv. 7	1,188	.	5	Ger. 1	342	.	7	The. 4	1,344	.
v.	Par idem	1,188	.						Plu. 1	1,560	.	6	Pra. 3	1,146	.				
u.	Par idem	1,560	.																
r.	Par idem	342	.																
a.	Par idem	1,146	.																
c.	Par idem	1,344	.																
						5,640	.			11,022	.			7,317	.			3,444	.
	Transport	92,652	0		Trpt.	212,088	.			83,646	.			99,275	.			58,768	20
	Transporté	92,652	0		Tpté.	217,728	.			94,668	.			106,592	.			62,212	20

De Vend. 1. à Fri. 30			de Niv. 1. à Vent. 30				de Ger. 1. à Prai. 30				de Mes. 1. à Fru. 30			
dat.	fr.	c.	fº.	dat.	fr.	c.	fº.	dat.	fr.	c.	fº.	dat.	fr.	c.
				Plu.				Flo.				Mes.		
			4	10	1,248	.	5	12	444	.	7	26	1,035	.
				25	1,050	.						Fru.		
				V^se.							8	11	708	.
				1	555	.						30	1,035	.
												The.		
											7	21	1,248	.
												Fru.		
											8	5	1,035	.
												15	1,035	.
												The.		
											7	25	1,248	.
												Fru.		
											8	21	708	.
												The.		
											7	25	1,248	.
												Fru.		
											8	21	1,035	.
												Fru.		
											8	30	28,356	.
					2,853	.			444	.			38,691	.
Trpt.	163,400	40			102,866	40			115,230	.			73,149	.
Total	163,400	40			105,719	40			115,674	.			111,840	.

dat.	DURAND. Doit.	fr.	c.
Plu.	A marchandises.	2,298	.
V^se.	A idem	555	.
Flo.	A idem	444	.
Mes.	A idem	1,035	.
Fru.	A idem	1,743	.
	Balance 2,778 o		
	DIDIER.		
The.	A marchandises.	1,248	.
Fru.	A idem	2,070	.
	Balance 3,318 o		
	ARNAUD.		
The.	A marchandises.	1,248	.
	A idem	708	.
	Balance 1,956 o		
	DUMONT.		
The.	A marchandises.	1,248	.
Fru.	A idem	1,035	.
	Balance 2,283 o		
	MARCHANDISES.		
Fru.	Pour le montant de l'Inv.	28,356	.
	Balance 28,356 o		
	Transport 66,097 20		
	Total des Balances. } 104,788 20		
	Avoir la raison de commerce, A. H. et Ch. S. par divers comptes. } 104,788 20		
	et		
	Doit à divers comptes. } 92,652 o		
	Profit 12,136 20		
	A porter au crédit du compte des Associés selon leur intérêt.		

PARIS. *n*		Avoir.		De Vend. 1 à Fri. 30				de Niv. 1 à Vent. 30				de Ger. 1 à Prair. 30				de Mes. 1 à Fru. 30			
dat.		fr.	c.	f°.	*dat.*	fr.	c.	f°.	*dat.*	fr.	c.	f°.	*dat.*	fr	c.	f°.	*dat.*	fr.	c.
Plu.	Par caisse	1,248	.					4	Plu. 21	1,248	.	5	Flo. 1	555	.	6	Mes. 5	1,494	.
Flo.	Par idem	555	.																
Mes.	Par idem	1,494	.																
	PARIS. *w*																		
	PARIS. *x*																		
	PARIS. *y*																		
	INVENDUES. *z*																		
	Transport total des balances, 92,652 0																		
										1,248	.			555	.			1,494	
					Trpt.	217,728	.			94,668	.			106,592	.			62,212	20
					Total	217,728	.			95,916	.			107,147	.			63,706	20

ALPHABET.

BIBLIOTHÈQUE ROYALE I

DE L'IMPRIMERIE DE P. N. ROUGERON.

EXTRAIT DU CATALOGUE

Des Ouvrages en nombre des mêmes Libraires.

[illegible]TICA LATINO-CELTICA, [illegible] moulin, [illegible] 1800, in-8°, [illegible] chansons [illegible]. 6

[illegible] les Exploits de [illegible] ancien, avec la traduction [illegible] par M. [illegible], in-4°. 8

[illegible] EPISTOLAIRE [illegible] Vienne, 1803 [illegible]. 3

[illegible] 25

[illegible]

[illegible] abrégé de la [illegible] in-8°. [illegible]

[illegible], ou les [illegible] anglaise, par [illegible]

[illegible] nouveaux, par [illegible], [illegible] vol. in-8°, [illegible] pag. avec portrait de l'Auteur. 5 50

MÉMOIRES et Observations chimiques [illegible] du Chaptal, [illegible] in-8°, 170 pages. [illegible]

APPEL aux Nations sur le Gouvernement [illegible], par [illegible], in-8°, 1797. [illegible] 25

ESSAI sur les Accouchemens, par [illegible], membre du Corps législatif, An V, [illegible] in-8°. 50

[illegible] et Monck, ou l'art d'abattre [illegible], in-18, an V. [illegible]

L'AGRICULTEUR [illegible], par [illegible], an III, in-8°. [illegible]

LE MANUEL du Cultivateur dans le [illegible] d'Orléans, utile à tous les autres [illegible], 1776, 250 pages. [illegible]

INSTRUCTION sur les Poids et Mesures [illegible], an II, in-8°, 160 pages, [illegible]

[illegible] de Condillac [illegible] vol. in-12. [illegible]

TARIF des droits du [illegible], in-4°. 25

APOLOGIE de la Religion, par [illegible] 1

ŒUVRES de Sterne, 6 vol. in-18. [illegible]

LE GANNEBAS [illegible]

LE SAUVAGE de l'Aveyron, [illegible]

HISTOIRE de la Révolution [illegible] vol. in-8°, fig. [illegible]

ESSAI historique sur la ville d'Orléans, in-8°, avec carte et [illegible] de la Pucelle. [illegible]

ESSAI historique [illegible] in-8°. [illegible]

LE COMPÈRE Mathieu, [illegible] vol. in-8°, y compris les Abus dans les cérémonies religieuses. 6

LES ABUS des Cérémonies religieuses, in-8°. [illegible]

ESSAI sur le Despotisme, par Mirabeau, in-8°. [illegible]

LES AVENTURES de [illegible], in-8°, ouvrage dans le genre de Dumouriez et Guyot. [illegible]

ESPRIT de Fontenelle, de d'Alembert, et de Thomas, 3 vol. in-12. [illegible]

ESSAI sur les mœurs des Nations, ou Histoire générale, par Voltaire, [illegible] vol. in-8°. [illegible]

SIÈCLE de Louis XIV et Louis XV, 3 vol. in-8°, [illegible]

ROMANS et Contes du même, 4 vol. in-8°. [illegible]

RÉPUBLIQUE de Platon, 2 vol. in-12. [illegible]

LETTRES de Cicéron à [illegible], avec le latin en regard, in-12. [illegible]

LE GRAND LIVRE des Peuples, [illegible] vol. [illegible]

RHÉTORIQUE française, de Crevier, 2 vol. in-12. [illegible]

ÉCOLE de Salerne, [illegible]

[illegible] indiqués par [illegible]

HORACE [illegible] vol. in-8°, [illegible]

ESSAI sur l'[illegible], 2 vol. in-12. [illegible]

OPUSCULES sur [illegible] de divers [illegible]

[illegible]

LE PARFAIT Bouvier, [illegible]

LE PARFAIT Cavalier, [illegible]

	fr.	c.
L'HOMME aux 40 écus; par Voltaire, *in*-12.	1	»
LE PRISONNIER d'Olmuz, drame par Prefontaine, 1797, *in*-8°.	»	75
COMMIRII Carmina, 2 vol. *in*-12.	5	»
FABULÆ Fontanii Giraud; 2 vol. *in*-12.	4	50
JOURNAL de la peste de Marseille; *in*-4°.	1	50
LETTRES sur la Grèce; par Savary, 8°. fig.	3	»
LES AMOURS d'Anas-Eloujoud et de Ouardi; d'idem, *in*-18, Didot, papier fin.	1	»
IL LIBRO del perche, i dubbii amorosi, etc. 3 vol. *in*-12.	5	50
LA GRANDE période solaire, *ou* les Causes des révolutions physiques et morales; par Delormel; 2e. édit., an V.	3	»
DÉFENSE d'Ancone, par le gén. Monnier; réd. par Mangourit, 2 vol. *in*-8°., cartes, portr.	9	»
VOYAGE dans l'intérieur des États-Unis; 2e. édit. augmentée d'anecdotes sur la vie du célèbre Wasington, *in*-8°. de 350 pages.	3	»
SUITE DES LETTRES Péruviennes, trad. en italien par le cit. Pio, avec le français en regard, an VI; *in*-12.	1	50
LES IMPOSTEURS démasqués et les Usurpateurs punis; *ou* Histoire de plusieurs aventuriers, qui, ayant pris la qualité d'Empereur, de roi, de messie, de prophète, etc. ont fini leur vie par une mort violente, *in*-12 de 500 pages.	2	»
THÉORIE de la Vis d'Archimède et des Moulins, suivie de la construction d'un nouveau lock, de nouvelles rames et de tables sur la résistance des bois; par Pauctou, 1768, *in*-8°. de 250 pages.	5	»
VALCOUR et Pauline, *ou* l'Homme du jour; par Lablée, an V, *in*-12 de 24 pages.	»	6[illegible]
LES PAROLES de Jésus mourant, poëme, 8°.	»	60
INSTRUCTION sur le Calcul décimal, *in*-8°.	»	60
TABLEAU des Prisons de Blois, *in*-8°.	1	»
L'ART de procréer les sexes à volonté, 3e. édit., 1 vol. *in*-8°. avec 14 gravures, par Mr. Millot.	6	»
L'ART d'améliorer les générations humaines 2e. édit. 2 vol. *in*-8°. avec 4 gravures, par idem.	7	»
SUPPLÉMENT à tous les traités tant étrangers que nationaux, sur les accouchemens, édition de l'an XII ou 1804, 1 vol. *in*-8°. avec 2 gravures; par idem.	4	75

OUVRAGES RELIÉS D'ASSORTIMENT.

	fr.	c.
HISTOIRE Naturelle de Pline, trad. par Poinsinet de Sivry; 12 vol. *in*-4°., veau.	120	»
BIBLIOTHÈQUE choisie de Médecine; par Planque, 10 vol. *in*-4°., basane.	60	»
VOYAGE de Pallas, 5 vol. *in*-4°. et atlas, ou 8 vol. *in*-8°. et atlas *in*-4°. rel.	50	»
HISTOIRE d'Angleterre; par Hume, 7 vol. *in*-4°., veau.	60	»
OEUVRES complètes de Voltaire; 70 vol. in-8°., papier à 3 fr., bas.	250	»
DICTIONNAIRE d'Histoire Naturelle; par Valmont de Bomare, bonne édition de 1794, 15 vol. *in*-8°., demi-reliure.	70	»
HISTOIRE Naturelle de Buffon; Imprim. royale, 62 vol. *in*-12, veau.	186	»
LA SCIENCE des Négocians et Teneurs de Livres; par Migneret, 2 vol. *in*-8°., bas.	12	»
THÉATRE des Grecs; par le père Brumoy, 15 vol. *in*-8°., veau, filets; fig.	80	»
COMÉDIES de Térence, traduction de Lemonnier, 3 vol. grand *in*-8°., veau.	24	»
HISTOIRE Ancienne; par Rollin, 14 vol. *in*-12, veau.	45	»
— Romaine; par le même, 16 vol., veau fauve, filets, bel exemplaire.	64	»
— du bas Empire; par Lebeau, 24 vol., *in*-12, veau.	80	»
— de France; par Vély, 30 vol. *in*-12, veau, filets, bel exemplaire.	80	»
OEUVRES d'Histoire Naturelle et de Philosophie, de Bonnet, 10 vol. *in*-4°. veau rac. fil. fig.	140	»
ORLANDO furioso di L. Ariosto. Venezia, 1772, zatta, 4 vol. gr. *in*-4°. veau rac. fil. fig.	48	»
FABLES de la Fontaine; Paris, 1755, fig. d'Oudry, 4 vol. *in*-folio, veau, filets.	140	»
ENCYCLOPEDIE par ordre de Matière, 56 livraisons. 111 vol. *in*-4°., carton.	1100	»
BIBLIOTHEQUE Historique de la France; par Fontette, 5 vol. *in*-folio, veau, filets.	75	»
DICTIONNAIRE français, allemand, latin et russe, 2 gros vol. *in*-4°. relié.	50	»
ATLAS portatif des Militaires et Voyageurs; 2 vol. *in*-4°., de 191 cartes, demi-rel.	30	»
OEUVRES de Condillac; dernière édition, 1798, 23 vol. *in*-8°., veau rac.	120	»
Idem broché, même édition.	72	»
OEUVRES de Mably; 15 vol. *in*-8°., veau rac. filets.	70	»
VOYAGE d'Anacharsis; 7 vol. *in*-8°., et atlas *in*-4°., veau rac. filets, d. s. t. 1790.	60	»
HISTOIRE philosophique de Raynal; 1780, 10 vol. *in*-8°., et atlas *in*-4°. veau, filets.	96	»

Enfin un assortiment de beaucoup d'autres bons livres, tels que poëtes latins modernes, livres classiques, les meilleurs catalogues bibliographes avec prix, et toutes les brochures nouvelles, etc., etc.

Les mêmes Libraires tiennent chacun un Cabinet de lecture très-bien assorti, font la commission, et abonnent à tous les Journaux.

BIBLIOTHEQUE NATIONALE DE FRANCE
3 7511 00599810 2

www.ingramcontent.com/pod-product-compliance
Lightning Source LLC
Chambersburg PA
CBHW050623210326
41521CB00008B/1365

* 9 7 8 2 0 1 3 4 9 2 5 1 5 *